ワンダー・
ラボラトリ

摩擦のしわざ

田中 幸・結城千代子

西岡千晶 絵

太郎次郎社エディタス

目次

あらゆる音は固体と摩擦《まさつ》する空気によって起される、しかもその摩擦が二個の固体どうしのあいだにおこなわれる場合、音はそれらを取囲む空気の力によるものであり、こういう摩擦は摩擦せる両物体を消耗《しょうもう》させる。従って、諸ゝの天体は、その摩擦の際、そのあたりに空気を有していないから、音響《おんきょう》を発しないということになるだろう。

——レオナルド・ダ・ヴィンチ

(『レオナルド・ダ・ヴィンチの手記』杉浦明平＝訳、岩波文庫)

はじめに

摩擦《まさつ》――この現象は、あまりよくは思われていません。

貿易摩擦や外交摩擦は、解消の努力が必要とされます。乾燥《かんそう》した季節には、服と服との摩擦によって起こる電気で、パチパチします。黒板にチョークで書くときの摩擦の音で、耳をふさぎたくなるときもあります。

摩擦なんか、ないほうがよいのでしょうか。

けれども、これまで、多くの科学者や技術者、いえいえ、名もないもっと大勢の先人たちが、摩擦について、いろいろ考えたり、くふうを重ねたりしてきました。何が、かれらを摩擦に向かわせたのでしょうか。

この二つの問いの答えは、この本の中にあります。

摩擦は、ものとものとがこすれあうことです。ものとものがこすれあえば、たがいの動きをじゃまする力が働きます。

熱が生まれます。電気が起きます。音が出ます。すり減ります。

こすれあうだけで、いろいろなことが起こります。

このシリーズの既刊《きかん》『粒《つぶ》でできた世界』では、ものは、原子というとても小さな粒でできていることをお話ししました。

ものとものがこすれあうと、それらの原子どうしは引っぱりあって、動きをじゃまします。このじゃまをする力が「摩擦力」です。

一方、ものをつくっている原子は、その場で絶えずぶるぶると振動《しんどう》しています。ものとものがこすれあうと、表面の原子のぶるぶるは激しくなります。それは、温度が上がることでわかります。温度は、原子の動きの激しさをわたしたちに教えてくれるのです。この原子のぶるぶるこそが、熱の正体です。

こすれあって「力」や「熱」が発生するということは、ものが原子でできているということの証拠《しょうこ》でもあるのです。

I章では、摩擦による熱、そして、摩擦による電気、音、摩耗《まもう》、などについて触《ふ》れていきます。II章では、摩擦力について、まずはその研究の歴史から見ていきます。意外な人物がかかわっていますよ。

では、さっそくはじめましょう。

田中 幸・結城千代子

I

ものとものとがこすれると——あれもこれも、摩擦《まさつ》のしわざ

摩《ま》擦《さつ》と火との長く深い関係

ものとものとがこすれあうと熱くなります。小さな子どもでも、すべり台で熱くならないように少しおしりを浮《う》かせる知恵《ちえ》が働きますね。ものがこすれあって発生する熱を、摩擦熱《まさつねつ》といいます。

さて、歴史をふりかえると、摩擦による熱の利用のはじめは、なんといっても火起こしでしょう。

人類がいつごろから火を使いはじめたのかは、いろいろな遺跡《いせき》から推測するしかなく、さまざまな意見があるのですが、おおよそ百万年以上前からと考えられています。落雷《らくらい》や乾燥《かんそう》による自然発生の火を保存することからはじまったことは、想像するに難くありません。

その後、十万年前くらいには、石や木の摩擦熱による人為的《じんいてき》な発火を利用するに至ったようです。日常生活のなかで、木をこすりあわせると熱くなるとか、ある種の石をぶつけると火花が飛ぶなどの体験が、「それをうまく利用すれば火が起こる」と気づくヒントになったのでしょう。

そこから実際に火起こしに成功するまでには、観察したり考えたりする頭脳《ずのう》の働きと、手を使っての作業とが相まった試行錯誤《しこうさくご》がくりかえされたはずです。このことから、火起こしは、人類の進化の過程で大きな意味をもつといえるでしょう。

ところで、今日でも、マッチで火をつけるときは摩擦を利用しています。マッチ箱の横のざらざらしたところについている薬品を側薬《そくやく》といい、硫化《りゅうか》アンチモンや赤リンなどがふくまれています。一方、マッチ棒の先についているものは頭薬《とうやく》といって、塩素酸カリウム、松ヤニなどが固まっています。

じつは、現在使われているマッチは、摩擦熱だけでは火がつかないのです。その証《しょう》拠《こ》に、マッチ棒をマッチ箱の側面以外のところにこすりつけても、火はつきません。むかしはどこにこすりつけても火がつくマッチでしたが、それでは危険ですし、成分の黄リンに毒性があったので、改良されました。それで、いまのようなマッチを「安

≡**西部劇のマッチ**≡ マッチは19世紀に考案され、実用化した。古い西部劇では、カウボーイが壁《かべ》や靴《くつ》の裏などでマッチをすって、タバコに火をつけるが、あれはどこですっても火がつきやすい、発火点の低い黄リンマッチ。「荒野《こうや》の七人」では黄リンマッチが使われていたのが、10年後の設定の「続・荒野の七人」ではマッチ箱でするようになり、マッチの過渡期《かとき》が見える。

全マッチ」ともいいます。

マッチの発火のどのタイミングで摩擦が活躍《かつやく》しているかをお話しするために、まず、火や炎《ほのお》とよんでいるものが何かをちょっとふりかえってみたいと思います。

古代ギリシャの頃《ころ》には、ものをつくる元素の一つとして火を考えた哲学者《てつがくしゃ》もいましたが、火や炎そのものは「物質」ではありません。火や炎は「現象」です。燃える気体などの可燃性の物質が、酸素と結びつくときに光や熱を出しているのです。いったん燃焼という酸化反応が起こると、そこで熱が発生します。これがつぎの酸化をうながす熱となるため、可燃物と酸素があるかぎり、燃えはじめたものは燃えつづけることになります。

安全マッチでは、マッチ棒をマッチ箱にこすりつけたとき、摩擦熱が生じます。頭薬の塩素酸カリウムは酸化剤《さんかざい》といって、酸素を出す働きがあり、その酸素が側薬の赤リンと反応して、さらに摩擦熱によって酸化がうながされ、燃焼がはじまります。それこそが、こすった瞬間《しゅんかん》に火がついた状態です。その火が頭薬の松ヤニなどに燃えうつることで、大きめの炎になります。松ヤニは漢字では「松脂」と書き、ロウなどのように燃える物質です。また、松ヤニは摩擦を大きくする性質ももっています。頭薬にガラスの粉を混ぜて、さらに摩擦を大きくして、より熱を発生させやすく、着火しやすくしているマッチもあります。

小さなマッチですが、いろいろなくふうがなされ、また短い時間に複雑な反応が起きているのは、おもしろいですね。

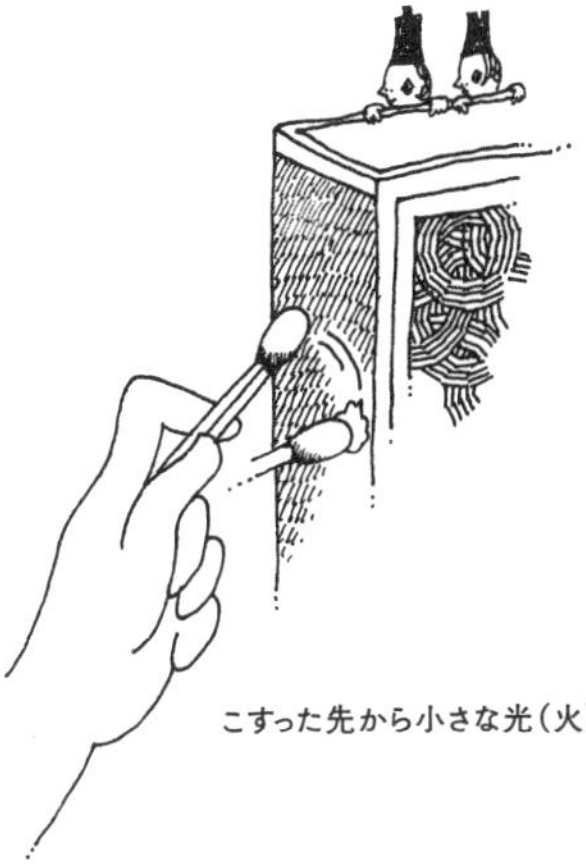

こすった先から小さな光（火）が出る

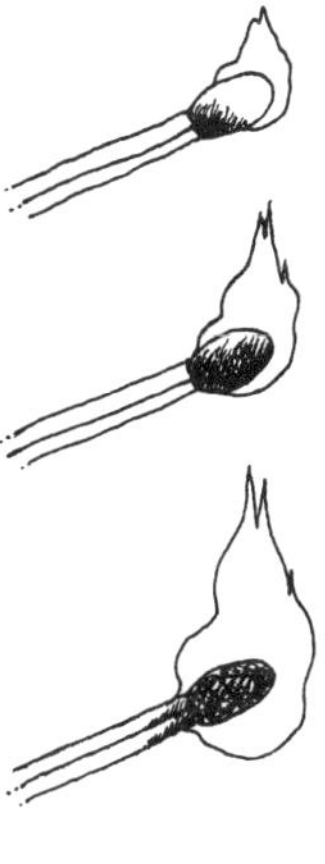

小さな火が完全な炎になるまでの
時間は1秒に満たない

≡摩擦の研究者たち❶：マクスウェル≡ イギリスの物理学者。スコットランド生まれ。電磁波の存在を理論的に予想し、光も電磁波であることを示した。アインシュタインは、「自分の業績はニュートンよりもマクスウェルのおかげ」と語っている。

こすると熱くなるのは、なぜ？——原子や分子の世界から

こすると熱くなる——日常経験ではわかりきったこの現象が、なぜ起こるのか、熱はどこから生まれてくるのかは、長いことわからないままでした。

いまから百五十年以上前に、熱と、分子や原子の運動との関係に気づいたのは、イギリスの物理学者、ジェームズ・マクスウェル（一八三一―一八七九年）です。ちなみにマクスウェルは、電磁波の理論の確立のほうで有名です。

マクスウェル

分子や原子はあまりに小さいので、わたしたちは、その運動のようすを肉眼で見ることはできません。では、目で見えるもので分子や原子の存在を想像できるのは、どんな場面でしょう。

たとえば、空気を入れたビニール袋《ぶくろ》は、熱を加えて温めるとふくらみます。これは、酸素や窒素《ちっそ》という空気を構成する分子が、温まって活発に動くようになり、袋《ふくろ》の内側にぶつかって外向きに押《お》す力が強くなることでふくらむのだと考えられます。

その考えをもとにすると、何か「もの」が温かい、すなわち温度が高い場合、その「もの」をつくっている原子や分子が、ふだんの温度が低い場合より活発に運動して

いるのではないか……と、逆に推理をすることもできます。

マクスウェルの登場の少しまえ、イギリス(スコットランド)の生物学者、ロバート・ブラウン(一七七三―一八五八年)は、花粉が壊《こわ》れて出てくる微粒子《びりゅうし》が水の中で動くことを見つけました。これを「ブラウン運動」といいます。

のちの学者は、ブラウン運動が生じるのは、目には見えない水の分子が動いて微粒子にぶつかるからだと推測しました。マクスウエルは、水の分子にかぎらず、どんな原子・分子も絶えず動いていると考え、一八五九年、各温度の気体分子の速度がどのように散らばっているかを数学的にあきらかにしました。

そこで、相対性理論で有名なアルベルト・アインシュタイン(ドイツ、一八七九―一九五五年)の

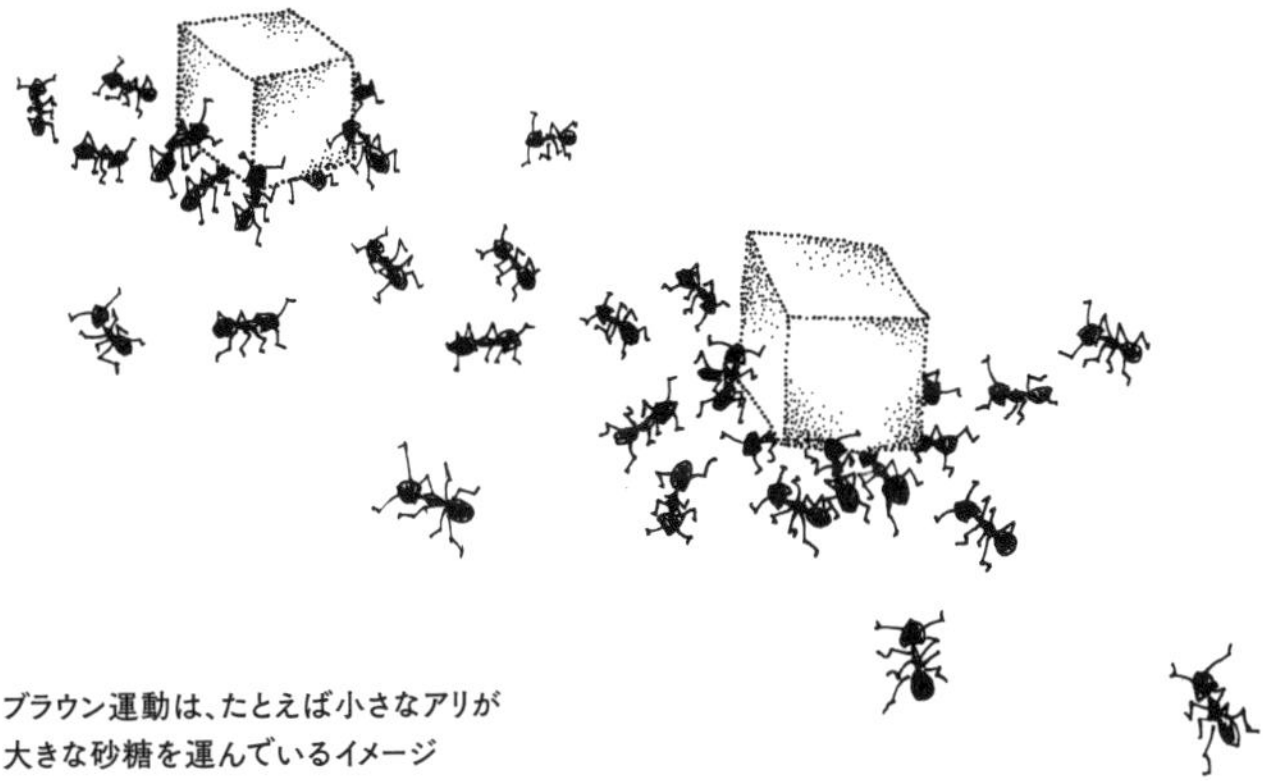

ブラウン運動は、たとえば小さなアリが大きな砂糖を運んでいるイメージ

≡摩擦の研究者たち❷:トンプソン≡ 科学者。イギリス植民地時代のアメリカに生まれ、独立戦争ではイギリス軍のために働いた。戦争が終わるとロンドンに移り、大砲《たいほう》や火薬を研究。その後ドイツに移り、1791年に神聖ローマ帝国《ていこく》からランフォード伯《はく》の称号《しょうごう》を得た。

ブラウン

アインシュタイン

ペラン

出番です。彼《かれ》は、マクスウェルの理論から原子の運動を数式化しました。そして、フランスの物理学者、ジャン・ペラン（一八七〇―一九四二年）が、実験とアインシュタインの理論から、とうとう水の分子の大きさを求めることに成功したのです。

「熱素」のせい？

こうして、原子の実在が証明され、その運動と、熱と温度の関係があきらかになると、摩擦熱《まさつねつ》についても、原子や分子の運動から考えられるようになりました。

じつは、原子の考えが広まるなかで、熱が、酸素や水素などと同様、「熱素」という元素の一つであると考えられた時期がありました。十八世紀後半のことです。しかし、一七九八年、ランフォード伯《はく》ベンジャミン・トンプソン（アメリカ、一七五三―一八一四年）は、その考えに疑問を投げかけました。大砲《たいほう》の製造過程で、その穴をくり抜《ぬ》くとき、水をかけつづけなければならないほど熱くなることから、そんなに大量の「熱素」という物質がどこにふくまれていたのかと疑問を呈《てい》したのです。一七九九年、イギリスの化学者、ハンフリー・デイビー（一七七八―一八二九年）は、真空中で氷をこすりあわせても溶《と》けることを示し、どこからもほかの物質が入りこむ余地がないのに、ただこするだけで熱が発生することを証明しました。つまり、熱が「熱素」というような物質ではないことをあきらかにしたのです。

　では、どうして、こすりあわせただけで氷が溶けたのでしょう。氷のような固体では、原子や分子はただ並んでいるだけではなくて、たがいに力をおよぼしあっていることがわかっています。ちょうど、ばねでつながっているような感じで、たがいに近づけば反発し、遠ざかれば引きあう力が生まれます。

デイビー

トンプソン

≡摩擦の研究者たち❸：デイビー≡ カリウムやカルシウムなどの発見で有名。1815年、炎《ほのお》のまわりを二重の金網《かなあみ》で囲んだ、炭鉱用のデイビー灯を発明。燃焼に必要な酸素は金網を通るが、内部の熱は金網で吸収されるので、炭坑《たんこう》の中で燃えやすい気体が発生しても点火せず、安全に働けるようになった。

氷と氷とをこすりあわせることで、接触面《せっしょくめん》の水の分子がたがいに影響《えいきょう》しあって激しく震《ふる》え（ここに熱が発生）、そのせいで分子をつなぐバネがちぎれて、はずれた分子が動きまわれる状態になります。つまり、氷は溶けて液体となったのです。

二つのものをこすりあわせると、その原子・分子どうしのあいだに働く力が増し、接触面の分子や原子がゆり動かされ、運動が活発になって温度が上がる。これが、摩擦熱の正体です。

すべり台を降りるとき、ズボンとすべり台がこすれあって熱くなるのは、それぞれの分子や原子の運動が活発になって温度が上がるからです。ズボンを手でこすっても、同じように熱くなりますよね。

摩擦熱《まさつねつ》の驚《おどろ》くべき利用法

ここで、摩擦熱《まさつねつ》に関する二つの話題を紹介《しょうかい》しましょう。

一つめは、摩擦熱を利用した画期的な文房具《ぶんぼうぐ》、書いた字が消せるボールペン「フリクション（摩擦）ボール」（製造＝パイロット）です。このボールペンは、温度が上がると色が消えるインクを使用しています。まちがえた字を書いてしまったら、専用ラバーでこすってみましょう。消せないはずのボールペンの字が、たちまち消えていきます。こすることで発生する摩擦熱で、書いた字が透明《とうめい》になるからです。科学の理論がこんなふうに身近で利用されていると、うれしくなりますね。

二つめは、なんと！ 昆虫《こんちゅう》の世界でも運動と熱の関係を利用しているものがいます。それはニホンミツバチです。

天敵であるオオスズメバチが、一匹でニホンスズメバチの巣に偵察《ていさつ》にやってくることがあります。その一匹が大勢の仲間を呼んでくると、ニホンミツバチにとっては大きな危機です。そこで、ニホンミツバチは数百匹でオオスズメバチをとり囲み、さかんに羽を震《ふる》わせて体温を上げていきます。オオスズメバチは四十八度になると死んでしまいますが、ニホンミツバチは

≡摩擦熱を利用した新技術≡ 2005年、自動車メーカーのマツダは、鋼板とアルミ板材を加圧回転させて、摩擦熱によって接合する技術を開発し、自動車製造に採用した。溶接《ようせつ》による接合は困難とされてきた異質な金属どうしを直接接合する、世界初の技術。

五十度まで耐《た》えられるので、やっつけることができるのです。

◻バイオリンとギーギーゼミ

ものとものがこすれあうと、音が出ます。

しんとした寒い夜など、明かりを消して眠《ねむ》るとき、ふとんの中で身じろぎをすると、衣擦《きぬず》れの音が妙《みょう》に大きく響《ひび》くものです。ためしに、自分の服をなでてみてください。ずいぶん大きな音がするものでしょう? テーブルの上やいすの持ち手をなでてみてもいいでしょう。スルスルと、それぞれ違《ちが》う音がします。また、歩くときに足を引きずるようにすると、音が大きくなります。

このように、わたしたちは、ものがこすれあう音に囲まれています。

ものがこすれあうときに出る音は、摩擦《まさつ》が原因です。

バイオリンをはじめとする弦楽器《げんがっき》で考えてみましょう。バイオリンの弦を弓でこすると、摩擦によって、弓と弦のあいだがすぐにはすべらず、少しのあいだいっしょに動きます。そして、限界を超《こ》えたところで離《はな》れます。すると、弦はもとの位置にもどろうとして振動《しんどう》し、周囲の空気を震《ふる》わせて音になるのです。

服をなでたときにする音も、これがもう少しミクロの世界で起こっていると思えばいいでしょう。服と手の面のあいだに摩擦があるのですべりだすのが妨《さまた》げられ、つかのま、服の繊維《せんい》は引きずられて手といっしょに動きます。しかし、摩擦が引きとめる力を超えて動くと離れ、服の繊維はもとの位置にもどろうと振動します。

ものがこすれあい、摩擦で動きが妨げられることでたがいの表面がゆれ、一部のエネルギーが熱に変わり、一部のエネルギーは音として空気にゆれを伝えることになります。

ものがこすれあう音は、人が出すものばかりではありません。秋の虫たちの多くも、摩擦を利用して音を出しています。

ここでこすれて音が出る

≡鳴く虫の話❶：虫の音あれこれ≡スズムシ「リーンリーン」、キリギリス「ギースチョン」、マツムシ「チンチロリン」、クツワムシ「ガシャガシャ」、ウマオイ「スイッチョン」、コオロギ「リィリィリィ」、カンタン「リューリュー」、カネタタキ「チンチン」、ケラ「ジー」。

コオロギなどは、右の前羽の裏にヤスリのようなギザギザした部分（ヤスリ器）、左の前羽の表に少し厚めのこする部分（摩擦器）をもっていて、両方をこすりあわせて摩擦音を出します。こすりあわせで出す音はそれほど大きくないのですが、体のあちこちの共鳴部分で音を大きく響かせています。

日本人の耳には美しく聞こえるこの音色を、コオロギはコミュニケーションの手段として出しています。そのため、当然、聞くことのできる耳も必要ですね。コオロギの耳は顔の横ではなく、音を出す部分からも離れている、前脚《まえあし》の側面にあります。太い脚の関節からすぐのすねに「鼓膜《こまく》」がついていて、鳴き声がどちらから聞こえるのか判断しているといいます。

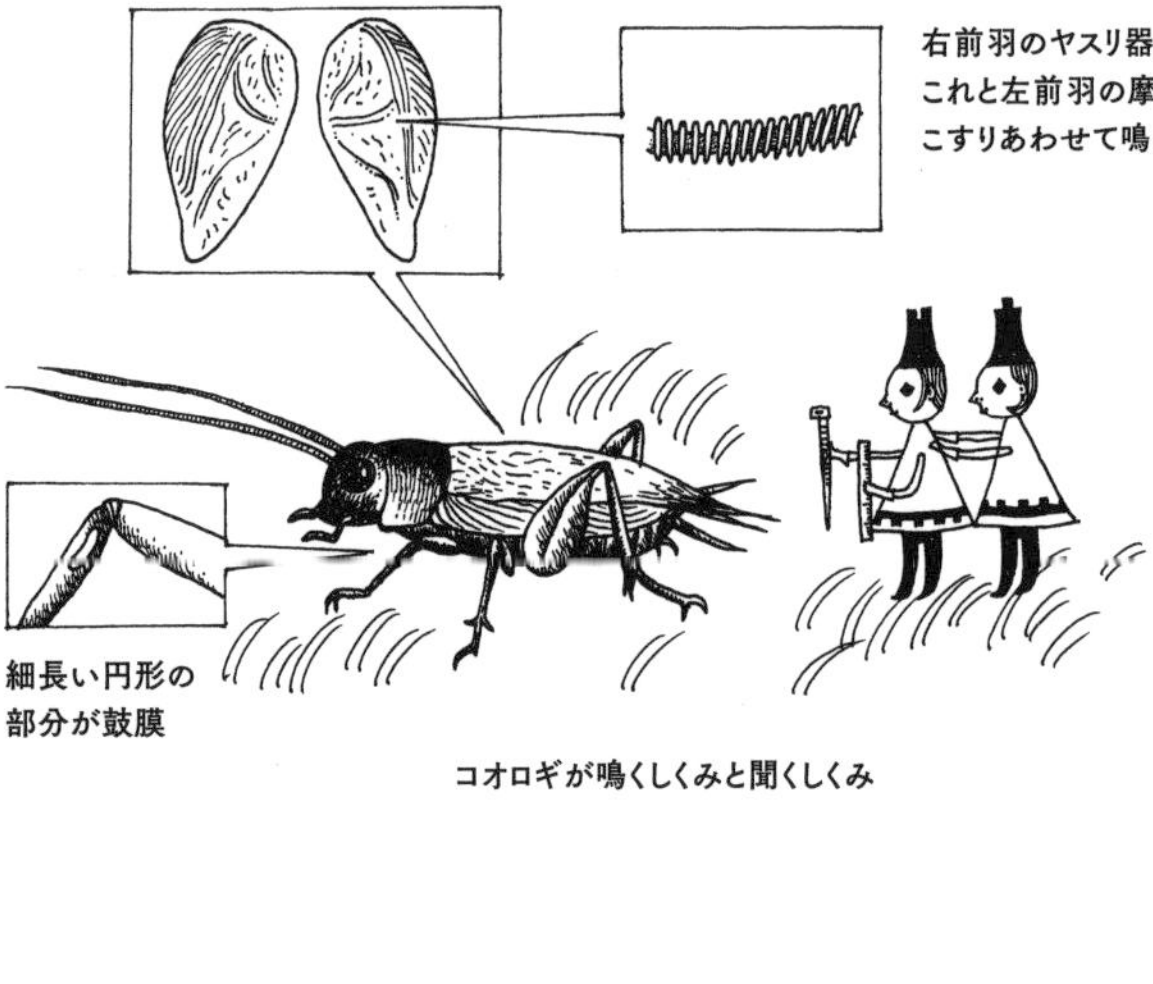
これと左前羽の摩擦器を

コオロギが鳴くしくみと聞くしくみ

ギーギーゼミのつくり方と遊び方

❶塩ビ管や竹などで、二センチメートルくらいの筒《つつ》をつくる。

❷筒の片方の口にガムテープを張って膜にする。

❸膜の中央にリリヤンなどしっかりしたひもを通す。

❹筒の内側のひもの端《はし》にストッパーになるものを結びつける。

❺一本のわりばしの首を削《けず》ってくびれをつくり、溶《と》かした松ヤニを塗《ぬ》る。

❻筒から出たひもの端に小さな輪をつくる。

❼わりばしのくびれに輪をかけ、わりばしを振《ふ》って筒をまわす。

≡鳴く虫の話❷：鳴かないコオロギの出現≡ ハワイの2つの島で、遺伝子変異により鳴かなくなったオスのコオロギの出現が報告されている。鳴き声にひきよせられる寄生バエを避《さ》けるため、生存のために遺伝子変異が羽に生じ、音を出す能力が失われた。これもひとつの進化のかたちだという。

ちなみにセミは、筋肉の収縮で膜を震わせて音を出すので、あの鳴き声は摩擦によるものではありません。コオロギがバイオリン型発音だとすれば、セミは太鼓型《たいこがた》発音とでもいえるでしょう。

それなのに、セミの声に似せたギーギーゼミ（セミ笛）というおもちゃは、摩擦を利用してセミに似た音を出すのですから、おもしろいものです。土産物屋でかわいいものを売っていて、セミの形をした筒の部分を、そこから出ているひもで持ち手の木の先端《せんたん》に結びつけ、くるくるまわせるようになっています。木の先端には松ヤニが塗ってあって、セミをまわすと、ひもが木にこすれて音を出します。松ヤニは摩擦を大きくするために使われます。

木とひものあいだで生じた振動が、音の正体です。糸電話のようにひもを伝わり、セミの筒の膜を震わせ、筒に共鳴して大きな音になります。

ワイングラスの妙《たえ》なる調べ

こすれるとゆれると言いましたが、机の表面をなでてみて音がしても、そこで振動《しんどう》が生じているとは、やはりちょっと信じられません。これを確かめてみましょう。

ワイングラスを一つ用意してください。ワイングラスに水を入れ、ふちを濡《ぬ》らした指でこすってみましょう。わずかに引っかかるような抵抗《ていこう》を感じながらもスムーズにぐるりと周囲をまわる、そんな感触《かんしょく》です。少しコツがいりますが、すぐに透《す》きとおった音色を奏でることができます。入れる水の量を変えると、音の高さが変わります。グラスをそろえ、音程をあわせて、「グラスハープ」とよばれる楽器として扱《あつか》われることもあります。

　大きな音が出はじめたら、水面に注目してください。ガラスに沿ってさざ波が立っているのがわかります。指を止めると波も消え、音もやみます。ワイングラスのふちと指の関係が、バイオリンの弦《げん》と弓の関係にあたります。固いように思えるワイングラスも、指とグラスのあい

≡鳴く虫の話❸≡ 日本語や、日本語と音韻《おんいん》の特徴《とくちょう》が近いポリネシア諸語圏《しょごけん》で育つと、虫の声を「言葉の仲間」として左脳で受けとめて美しい音と感じることができ、他言語下で長く育つと、「無意味な音」として右脳で受けとめ、雑音のようにほとんど意識しないという報告がある。

だのほどよい摩擦《まさつ》で振動するのです。

この、グラスのふちをこすって出る音のことは、ガリレオや日本の物理学者、寺田寅彦《てらだとらひこ》（II章参照）も著作に書いています。

チベットやネパールのお寺で使われる法具「シンギングボール」も、周囲をこすることで器の振動をつくりだす点で、「ワイングラスの音」の仲間といえるでしょう。金属の鉢《はち》を手に乗せ、外縁《がいえん》の周囲を木の棒でこすって音を出します。

中国では、「噴水魚洗《ふんすいぎょせん》」という名の持ち手のついた銅鍋《どうなべ》が古くから伝わっています。水を入れ、持ち手を手のひらでこすって振動を起こします。グラスハープのように美しい音色ではありませんが、音が出て、水しぶきが立つほど水面が振動します。

噴水魚洗

シンギングボール

⊐⊏古代人も引きつけた静電気

こんどは、摩擦《まさつ》で電気が起きる話をします。ここでいう電気は、静電気のことです。

下敷《したじ》きを髪《かみ》の毛にこすりつけ、髪の毛を逆立てる遊びをやった覚えがある人もいるでしょう。スカートとストッキングがこすれあうと、スカートがまとわりついて困ったりします。このように、ものとものがこすれあうと静電気が起きて、たがいに引きあいます。

ものとものが摩擦によって引きあう現象は、大昔から不思議に思われていました。もっとも古い記録は、いまから二千六百年くらいまえのギリシャの学者、タレス（前六二四―前五四六年）によるものです。タレスは、琥珀《こはく》という宝石を布でこすると、まわりの小さなゴミやほこりを

≡天使の声「アルモニカ」≡雷《かみなり》の実験で有名なベンジャミン・フランクリン（物理学者・政治家）が発明した楽器。複数のガラスのお椀《わん》を回転棒に刺《さ》して回転させ、グラスハープの原理で音を出す。その音色は「天使の声」といわれ、フランス革命前後の時代に欧州《おうしゅう》で大人気となった。

吸いよせると書いています。その当時は、なぜこすると引きつける性質をもつようになるのかはわかりませんでした。人びとは、琥珀に生命が宿っていると考えました。

琥珀はいまでも宝石として、宝石店や一部の科学館などで売られていますが、石ではなく、大昔の松ヤニが固まったものです。アリなどの小さな虫が閉じこめられているものもよく見かけます。美しい琥珀をきれいにしようと思ってこすればこするほど、よけいにゴミがついてしまって、当時はさぞや困ったことでしょう。

その後、イギリスの物理学者、ウィリアム・ギルバート(一五四四—一六〇三年)は、琥珀にかぎらず、いろいろなものが電気をもつ(琥珀のように、小さなものを引きつける性質をもつ)ことを見いだしました。琥珀は、ギリシャ語でエレクトロンといいます。電気は英語でエレクトリシティといい、琥珀(エレクトロン)が語源です。

また、電気には二種類あることなどがわかり、一方がプラス、もう一方がマイナスと名づけられました。プラスとマイナスは引きあうけれども、プラスどうし、マイナスど

タレス

ギルバート

うしは反発しあうこともわかりました。

ところで、乾燥《かんそう》した季節にドアノブをさわってパチッとくるのは、衣類がこすれあって静電気が起き、たまった電気が金属であるドアノブに流れるからです。稲妻《いなずま》も、雲の中の氷の粒《つぶ》などがこすれあって電気が起こり、地面に流れる現象です。こすれあって起きるとかんたんに言っていますが、一回の落雷《らくらい》は一億ボルトもの電気に相当します。

⊃⊂原子はスイカ型？　それとも土星型？

それでは、ものとものとがこすれあって発生する静電気は、ものの表面のどこから出てくるのでしょうか。

そのことを考えるために、まずは、ものをつくる原子について見ていきましょう。

原子は長らく、それ以上分割できない一つの粒《つぶ》と考えられていました。けれども、原子はひとかたまりの粒ではなく、真ん中に原子核《げんしかく》という重いかたまりがあり、そのまわりを電子という軽い粒がまわっている構造であることがわかりました。目に見えない小さな原子の構造が、どのようにしてわかったのでしょうか。

≣電気学の父、ギルバート≣ エリザベス1世の主治医として信任が厚く、ナイトの称号《しょうごう》を与《あた》えられる。フランシス・ベーコンの格言「知は力なり」の影響《えいきょう》を受け、実験を重視して研究した物理学者。それに対しガリレオは、讃嘆《さんたん》の言葉をおくっている。地球が巨大《きょだい》な磁石であることを発見した。

流れつづける電気——カエルを救った電池の発明

一七八〇年、イタリアのルイージ・ガルヴァーニ（一七三七—一七九八年）は、カエルを金属の盆《ぼん》に乗せ、脚《あし》にメスを当てると痙攣《けいれん》が起こることを発見しました。この痙攣は電気的なものであり、カエルの筋肉や神経に起因すると報告したところ、多くの学者が同様の実験をおこない、カエルにとっては受難の日々が続きました。

しかし、同じ国のアレッサンドロ・ボルタ（一七四五—一八二七年）は、電気の原因はカエルではなく、触《ふ》れた金属にあることを突《つ》きとめました。そして一八〇〇年、二種類の金属のあいだに電解質の水溶液《すいようえき》を挟《はさ》んだ構造の「ボルタの電堆《でんたい》」とよばれる今日の電池のもとを発明しました。いまでは、金属が電解質の水溶液に溶《と》けると、その原子中の電子が、はずれたり余分についたりすることが起こってイオンになり、つないだ導線の中で電子が移動して電流が生じることがわかっています。

つねに一定の電気の流れを得ることで、電気の研究は急速に進みました。現在のわたしたちの豊かな生活とカエルたちの平安は、ボルタのおかげなのです。

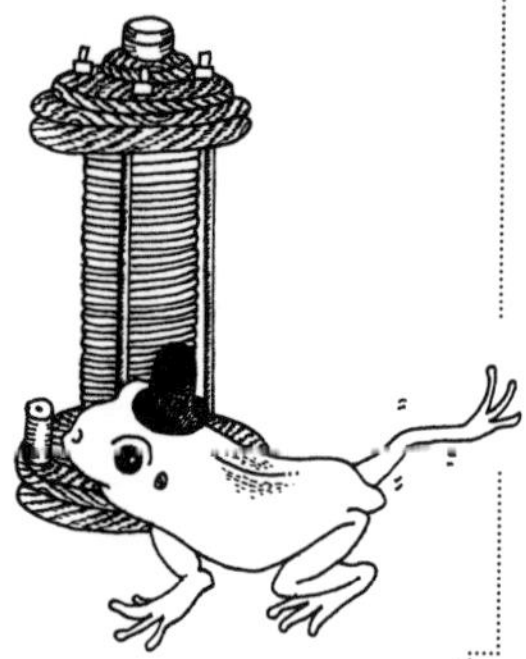

一八九七年、イギリスの物理学者、J・J・トムソンことジョゼフ・ジョン・トムソン（一八五六—一九四〇年）は、二つの金属板のあいだに高電圧をかけると、粒子《りゅうし》の流れが生じることを発見しました。この粒子は「電子」と名づけられ、マイナスの電気をもつこともわかりました。原子はプラスでもなくマイナスでもなく電気的に中性なので、電子がマイナスであるなら、そのほかの部分はプラスの電気をもつということになります。

では、原子の中で、電子はどのように存在するのでしょうか。

トムソンは、原子をスイカとすると、電子はその中で種のように均一に存在すると考えました。これをスイカモデルといいます。

これに対して、明治・大正・昭和にかけて活躍《かつやく》した物理学者、長岡半太郎《ながおかはんたろう》（一八六五—一九五〇年）は、一九〇三年、土星モデルを提唱します。原子は、真ん中に核のようなも

**スイカの赤いところが
原子のプラスの部分、
種がマイナスの電子**

J. J. トムソン

≡日本の物理学の父、長岡半太郎≡ 長崎県《ながさきけん》に生まれ、小学校時代から東京へ。小学校では成績が悪く、落第もした（本人談）。東京帝国《ていこく》大学教授を退官後、大阪《おおさか》帝国大学の初代総長に。本多光太郎、寺田寅彦《てらだとらひこ》、石原純、仁科芳雄《にしなよしお》など多くの物理学者を育てた。

のがあり、そのまわりを電子がまわっている土星のような構造であると言ったのです。

スイカモデルと土星モデル、どちらがよりほんものの原子に近いのでしょうか。

それを確かめたのが、イギリスで活躍したニュージーランド出身の物理学者、アーネスト・ラザフォード（一八七一―一九三七年）です。彼《かれ》は、どんな実験をしたのでしょうか。

突然《とつぜん》ですが、おにぎりを想像してみてください。海苔《のり》できっちりくるまれていて、具が何かわかりません。種あり梅干しと炊《た》きこみご飯の二種類があったとすると、どちらがどちらかを知るには、どうしたらよいでしょうか。そうですね。ちょっとお行儀《ぎょうぎ》は悪いのですが、箸《はし》でおにぎりを刺《さ》してみればいいのです。箸に何かコツンと当たったら、梅干しの種。箸が向こうまでずぶっと突《つ》き刺さってしまったら、炊きこみご飯のおにぎりだとわかります。

長岡半太郎

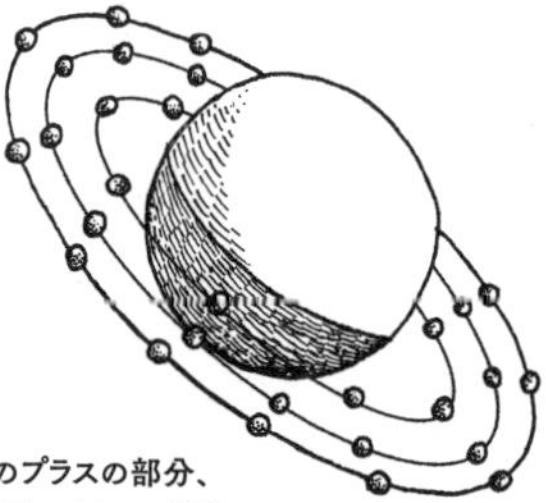

土星が原子のプラスの部分、
まわりの衛星がマイナスの電子

ラザフォードは、それと同じことをおこないました。おにぎりにあたるのは金の原子で、箸にあたるのがα《アルファ》線という放射線です。ラザフォードは、金箔《きんぱく》に当てたα線があらゆるところにはね返ることを確認しました。それは、金の原子の真ん中に何か核になるものがある証拠《しょうこ》です。こうして、土星モデルに軍配が上がったのです。

原子の摩《ま》擦《さつ》で電気が生まれる

静電気が起こるメカニズムは、今日では、原子の考えを使ってこんなふうに説明ができます。

原子核《げんしかく》はプラスの電気を、電子はマイナスの電気をもっていて、ふつうはその電気の量は同じ、つまり原子は電気的に中性の状態です。ところが、二つのものがこすれあうと、原子の外側にあるマイナスの電気をもった小さな電子は、もののあいだを行ったり来たりします。その結果、そ

梅干しが原子核

ラザフォード

≡核物理学の父、ラザフォード≡ ニュージーランド生まれ。のち渡英《とえい》し、J. J.トムソンに学ぶ。α線、β《ベータ》線、ラザフォード散乱による原子核の発見、原子核の人工変換《じんこうへんかん》などの業績により爵位《しゃくい》を受ける。その紋章《もんしょう》にはニュージーランドの戦士と、原子核の崩壊《ほうかい》のグラフが描《えが》かれている。

の二つのものは、それぞれ電子の過不足が生じます。電子がやってきたものは、電子が多いのでマイナスの電気をもつことになり、電子が移っていってしまったものは、電子が足りないのでプラスの電気をもつことになります。

そして、ものの全体や一部分に、プラスやマイナスが不均一にあって、それが解消されないあいだは静電気が起きている状態と考えられます。

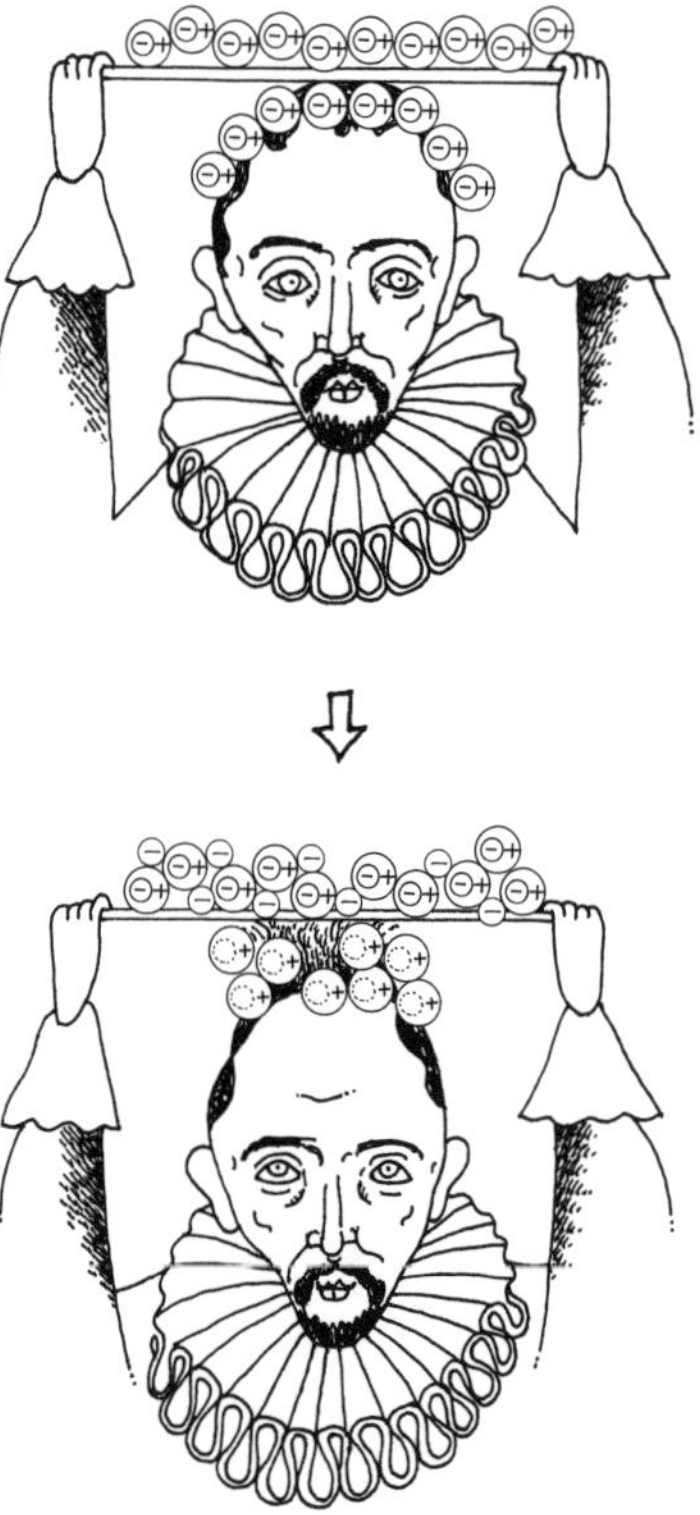

下敷きで髪を立たせると、
下敷きの原子の電子が
髪の毛のほうに移動する

さて、すべてのものは原子でできています。このことから、すべてのものはこすると電気をもちうることがわかります。いわゆる「電気が流れる」導体は、おもに金属だけですが、流れなくても、電気をもつことはできます。「電気が流れること」と「静電気をもつこと」は、別のことです。すべてといっても、ものによっては、こすっても静電気が起きないように感じます。それは、生じた不均一がとても少しだったり、すぐに解消されてしまったりするためです。

こすりあわせたとき、何がプラスの電気をもちやすく、何がマイナスの電気をもちやすいかは、二つのものの相対的な関係で、経験的にしかわかっていません。

⊃⊂電気を逃《に》がしてパチパチ予防

パチパチするくらいならいいのですが、たまった静電気の放電による火花で、火災が起こったりすることは問題です。

酸素がなければ火災は起こらないので、無人の工場では、工場内に窒素《ちっそ》ガスを充満《じゅうまん》させることで、火災を防いでいます。

また、ガソリンスタンドでは、流れるガソリンとホースとのあいだで静電気が起き

≡**実験・百人おどし**≡ 多人数でおこなう静電気の実験。手をつないでつながり、両はしの人がそれぞれ、静電気をためたものの異なる極にさわると、みんなに(100人でも)電気が流れる。江戸時代に平賀源内が同様の実験をおこない、多くの人をびっくりさせたので、この名がついた。

役にも立つ静電気

静電気は、いろいろなところで役にも立っています。身近な例が、静電気でほこりをくっつける掃除道具《そうじどうぐ》のダスターです。ダスターはとても細いひも状で、静電気を発生しやすい材質でできています。また、空気清浄機《くうきせいじょうき》にも、静電気を利用して空気中のちりやカビを集めるしくみのものがあります。

コピー機は、静電気をおおいに利用しています。マイナスの電気をもった円筒形《えんとうけい》のドラムに、原稿《げんこう》で反射させた強い光を当てると、光の当たった部分だけ電気がなくなる性質があります。原稿の白い部分が光を反射させるので、ドラムに電気が残っているのは原稿の黒い部分ということになります。そこへトナーというプラスの電気をもった炭素の粉を付着させ、それを紙に転写して加熱によって定着させたら、コピーのできあがり。また、自動車工場の塗装《とそう》にも静電気が活躍《かつやく》しています。自動車にプラスの電気、塗装の噴霧器《ふんむき》にマイナスの電気をもたせ、塗料を吹《ふ》きつけると、塗料が車体に引きつけられるので、塗料のむだが少なくなるのです。

やすくなっています。従業員の制服には静電気対策がなされていますが、セルフスタンドの場合は、お客さんが、給油前に給油機に張られている放電プレートに触《ふ》れることが指示されています。ガソリンはとても気化しやすく、また火が近づくと発火する引火温度が低いので、うっかり放電の火花が飛ぶと、引火して爆発事故《ばくはつじこ》につながりかねないからです。

ドアノブや水道の蛇口《じゃぐち》をさわったときに「うぎゃっ！」とならないためには、どうすればいいのでしょう。床《ゆか》や地面にさわって体の中の電気を逃《に》がしてからさわれば、だいじょうぶです。これを、「アースする」といいます。

⊃⊂摩耗《まもう》がつくる海ガラス

さて、すべり台とズボン、火起こしの棒と台、バイオリンの弦《げん》と弓、これらは、面と面とのあいだでこすれあうときの力で熱が出たり、音が出たりしました。こすれあう表面をつくる物質の原子や分子といった粒《つぶ》は、摩擦《まさつ》のせいで、一つ一つが激しく震《ふる》えたり、全体で大きくゆれたりしましたが、壊《こわ》れはしません。

ところが、同じ摩擦でも、琥珀《こはく》と布、下敷《したじ》きと髪《かみ》の毛、セーターとわたしでは、面

≡静電気防止スプレーの原理≡ 界面活性剤《かいめんかっせいざい》（石鹸《せっけん》）など水に溶《と》けやすい物質を利用して、吹《ふ》きかけた衣類の表面で空気中の水分を吸収し、膜《まく》をつくる。人にたまった静電気は、この膜に移動して分散し、じょじょに空気中に放電されるというしくみ。

の表面にある原子の中の電子が移動します。小さく壊れるといってもいいでしょう。

　では、同じように面と面とがこすれて、その摩擦の力がもっと大きく、面をつくる物質の原子や分子のかたまりごと、はぎとられてしまうことが起きたら……？　これが摩耗《まもう》です。削《けず》れて減ってしまうというのは、摩擦による力が大きくて、片方の面の表面が、もう片方の面の表面に引っぱられ、一部がはずれて、表面が壊れてしまうことです。


　砂浜《すなはま》を歩いていると、石とは違《ちが》った、半透明《はんとうめい》の色とりどりの丸いかけらが見つかります。海ガラスとよばれる、ガラスのかけらが摩耗したもので、角がとれてすべっこく、乾《かわ》くともとのガラスの色を残しながら、表面はすりガラス状に白くもっているのがわかります。長い時間、砂にこすれた結果です。

　これも摩耗の一つでしょう。ほかにも、タイヤや機械で摩耗は問題になりますが、その話は少しあとまわしにすることにします。

　砂のような小さな粒によってガラスがこすれる場合も、物質をつくる原子や分子のサイズから見たら、十分に大きな面と面とのこすれあいです。ここで摩擦が大きければ、こすれる方向にたがいに引きあい、どちらか弱い方の面の表面のかたまりが壊れることで、すべって動きだせます。砂がたくさんあれば、このような面の接触《せっしょく》があちこちで、くりかえし起こって、摩耗は進みます。固いガラスに細かい傷がついていき、最後には全体が白っぽいくもりガラスになります。

ガラスは、まずは出っぱったところが削れるのでしょうが、削れてへこんだところができ、いくつものへこみができた結果、平らだったところが出っぱりになることもあります。極端《きょくたん》な出っぱりが欠けたり削られたりしてなくなり、あらゆるところの凸凹《でこぼこ》が無限に細かく存在するようになって、最終的に、それが肉眼では丸みを帯び、手ざわりとしてはなめらかになるのです。

砂浜できれいな石を見つけたと思ったら違った

≡自然素材の天然やすり≡ 日本では古くから、トクサの茎《くき》やムクノキの葉裏を紙やすりのように使ってきた。ケイ酸質のザラザラで研げる。トクサは笛のリード磨《み》きなどに活躍《かつやく》。魚のカワハギの皮も、まさに天然やすり。その名のとおり、皮は容易にはげる。広げて乾かして使う。

玉磨《みが》かざれば光なし

目的のために人工的に摩耗《まもう》させることを、研磨《けんま》といいます。大理石や宝石は、研磨によって美しく輝《かがや》きます。

人為的《じんいてき》に砂のような粒《つぶ》を利用すると、固いものをうまく削《けず》ることができます。粒でこすることで表面の凸凹《でこぼこ》を削りとって、さらに、粒を細かくしていくことで、摩擦によって削りとられる部分をより細かくしていくと、磨《みが》きたい面は平滑《へいかつ》に近づいていきます。

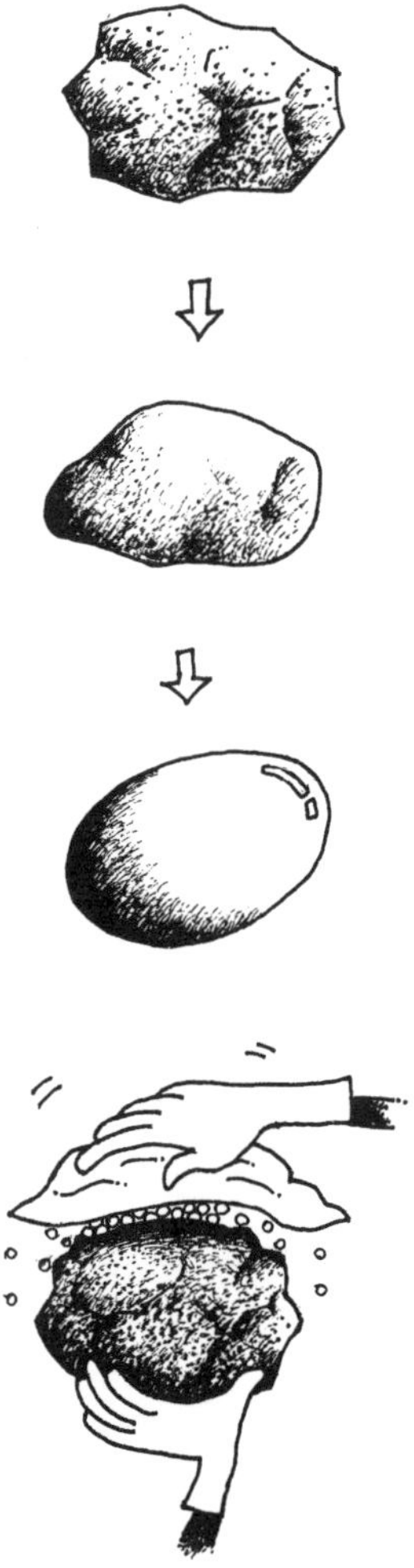

研磨では、このような研磨剤《けんまざい》というものが用いられることがあります。磨かれるものの面、研磨剤となる粒の面、磨くものの面の、三つのあいだの摩擦《まさつ》の大小で、研磨剤の動き方が決まり、結果として、磨きあげたい物質の表面を望むような姿にすることができるのです。

ところで、ガラスの研磨によってレンズができます。眼鏡、カメラ、アイスコープ、虫眼鏡、望遠鏡、顕微鏡《けんびきょう》と、さまざまなものに活用される、あのレンズです。レンズという名は、形がレンズ豆に似ていることからついた名です。古代には、太陽の光を集めるためにつくられ、使われていました。現在でも、凸《とつ》レンズを用いて太陽光を集めるシステムの開発は続けられていて、「太陽炉《たいようろ》」とよばれています。

また、研磨によって、砂場でつくる泥《どろ》だんごをピカピカに光らせることもできます。たかが泥だんごとあなどってはいけません。名人の手で磨きあげられた泥だんごの輝きは、宝石にも勝ります。

歯磨《はみが》き粉の歴史

わたしたちの毎日の生活のなかで、もっとも身近な摩耗《まもう》とは、なんでしょう。

≡磨きに磨く漆《うるし》工芸≡ 黒くつやのある漆器《しっき》。漆を上塗《うわぬ》りしながら凹凸《おうとつ》を残さず、研磨を重ねて鏡のようにする。炭で研ぎ、さらに細かい研磨粉で緻密《ちみつ》に。生漆を塗りこんで乾《かわ》かしたあと、油と鹿《しか》の角を加工してつくった研磨剤（現在は代用品）を使い、最後は手のひらと指で磨きあげる。

歯磨《はみが》きは、どうでしょうか。むかしから、人は現代と同じように、虫歯などの歯の病気に悩《なや》まされていたことでしょう。

世界最初の練り歯磨きの記録が、紀元前一五〇〇年頃《ごろ》の古代エジプトのパピルスに書かれています。粉にした植物の実のほかに、ナイル川の氾濫《はんらん》で運ばれた肥沃《ひよく》な土が研磨剤《けんまざい》・粘結剤《ねんけつざい》として、蜂蜜《はちみつ》が粘結剤・甘味料《かんみりょう》として、緑錆《りょくしょう》が殺《さっ》菌剤《きんざい》として配合されていたようです。

帝政《ていせい》ローマ時代には、動物の骨や卵の殻《から》を焼いた灰が使われていました。また、人間の尿《にょう》にふくまれるアンモニアが歯を白くする作用があるとして、尿を灰に混ぜることもあったようです。驚《おどろ》くことに、この尿の効果は十八世紀まで信じられていたのです。

日本では、歯磨き剤として、ずっと塩が使わ

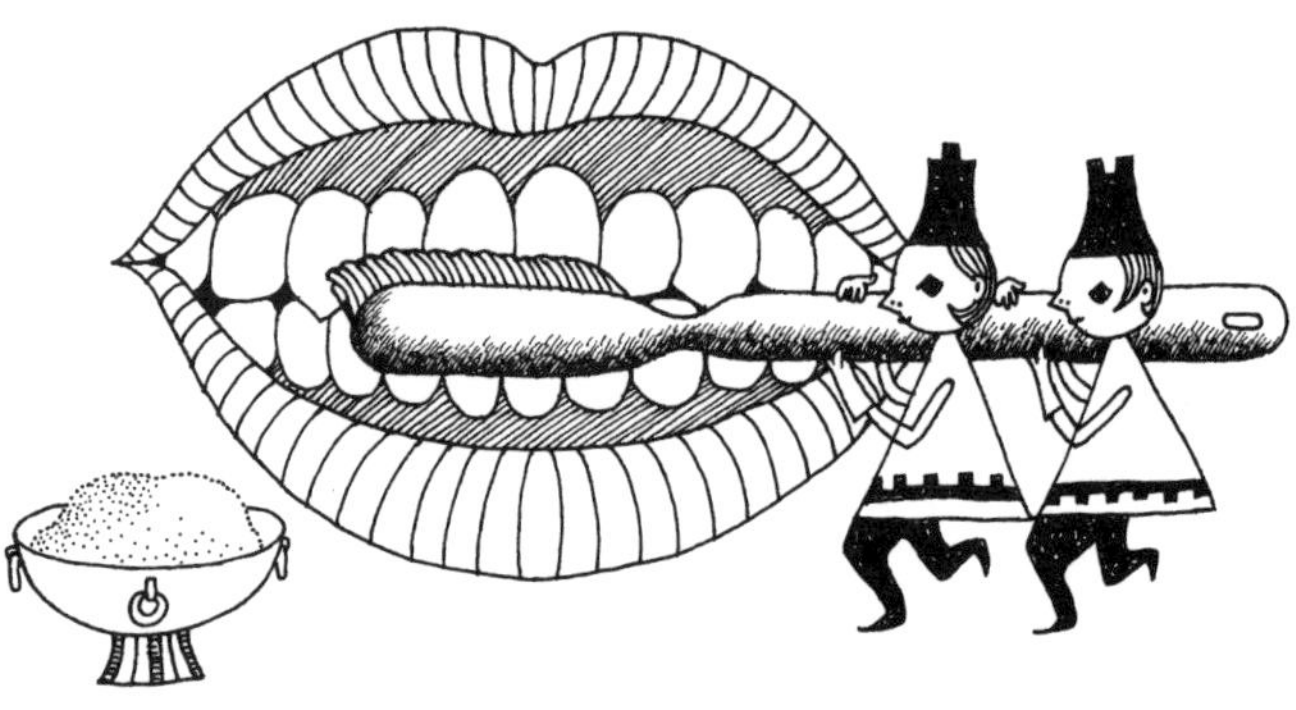

れてきました。仏教とともに中国から伝わったといわれています。江戸は徳川家光の時代になると、丁子屋喜左衛門《ちょうじやきざえもん》という人が、朝鮮半島《ちょうせんはんとう》から渡来《とらい》した人に歯磨き粉のつくり方を習って製造し、商品化しました。琢砂《たくさ》というひじょうに目の細かい陶土《とうど》に漢方薬を混ぜたもので、「歯を白くする」とか「口臭《こうしゅう》をとる」などといったキャッチコピーもありました。江戸後期の町人文化が花開いた頃《ころ》には、さまざまな商品が流行していた記録があります。しかし、琢砂を使ったら、かなり歯がすり減ったのではないでしょうか。明治時代になると、西洋処方の歯磨き粉が流通し、歯のすり減りは改善されたようです。

いまでは、歯磨き粉の基本成分は、研磨剤、発泡剤《はっぽうざい》、保湿剤《ほしつざい》、結合剤です。

こすれて削《けず》れて字が書ける

もう一つ、ふだん、摩耗《まもう》と関係しているとはほとんど意識せずに使っているものに、筆記具があります。

むかしなつかしい「ろう石」は、滑石《かっせき》とよばれる、水酸マグネシウムとケイ酸塩からなる鉱物です。昭和四十年代頃《ごろ》まで、子どもの遊びによく使われていました。いわ

≡江戸の歯ブラシ≡ つまようじは古来より世界で使われてきたが、江戸時代には「房楊枝《ふさようじ》」が登場。小枝の一方の先端《せんたん》の繊維《せんい》をほぐし、房状のブラシに。柄《え》のほうの先端は鋭《するど》く細く削《けず》り、舌の掃除《そうじ》に使う。池波正太郎《いけなみしょうたろう》の小説「仕掛人《しかけにん》・藤枝梅安《ふじえだばいあん》」シリーズには、房楊枝づくりの職人が登場する。

ば、路上のチョークです。道路やコンクリートにろう石をこすりつけると、表面の摩擦《まさつ》によって削《けず》りとられたかけらが道路にくっついて、絵や字が書けるわけです。ろう石は英語では「タルク」といい、ベビーパウダーの原料にもなるので、ベビーパウダーをタルカムパウダーともいいます。また、漢方薬の原料にもなります。明治時代には、鉛筆《えんぴつ》とノートがわりに、ろう石と石板が使われていました。ろう石は加工しやすいため、博物館や小学校などで勾玉《まがたま》づくりをするときの材料としても売られています。ピカピカした勾玉にできるのは、もちろん摩耗のおかげです。

一方、チョークは、もともと白亜《はくあ》という石灰岩を切りだしたものでしたが、その後、石膏《せっこう》(硫酸《りゅうさん》カルシウム)を固めたものを使うようになり

鉛筆は、摩擦の働きによって芯が削れ、紙にくっつくことで、字が書ける

ました。いまでは、歯磨《はみが》き粉にも使われる炭酸カルシウムがチョークの主成分になっています。また、ホタテ貝の殻《から》を使ったチョークもつくられています。ろう石と同じくチョークも、黒板に書くときには、白い粉が少しずつ砕《くだ》け、黒板の表面との摩擦が大きいために本体から離《はな》れて黒板にくっついたままになるので、書けるのです。

もちろん、鉛筆で紙に書くことができるのも、同じ摩耗のしくみです。

鉛筆の芯《しん》は、黒鉛と粘土《ねんど》でできています。一五六四年、イギリスの湖水地方として知られるカンバーランドのボローデール渓谷《けいこく》で、良質な黒鉛が発見されました。この黒鉛のかたまりそのものを筆記具として使ったのが、鉛筆のはじまりです。この地方の地質は五億年以上前の層が混在していて、とてもユニークなのです。

その後、黒鉛のかたまりそのものはとりつくされ、一七九五年、残ったかけらや粉を粘土と混ぜ、高温で焼いて使うという、今日の芯が考えられました。いまでもほとんど同じ方法で、鉛筆はつくられています。

⊐⊏ 削《けず》れない筆記具、ボールペン

そして、ボールペンが登場します。摩耗を利用しない、画期的な筆記具です。

≣ホタテ貝のチョーク≣ 大量に捨てられていたホタテの貝殻を配合したチョークが、近年、広く使われている。従来のものよりも折れにくく、鮮明《せんめい》になめらかに書け、黒板ふきでかんたんに消せる。飛びちる粉が出にくいので、ダストレスチョークという商品名になっている。ただし、値がはる。

ボールペンは先端《せんたん》に小さなボールが埋《う》めこまれ、このボールが紙の上で回転することによって、ボールの裏側の管からインクが表に送りだされ、書けることになります。摩耗《まもう》は利用しませんが、摩擦《まさつ》は利用しています。摩擦がなければ、そもそも紙の上で書くときにボールが回転しませんからね。

ボールペンのしくみは、一八八四年にアメリカ人が発明したといわれていますが、このときは実用化には至らなかったようです。一九四三年にハンガリー出身の発明家、ビーロー・ラースロー（一八九九―一九八五年）の考案によって量産化されました。ボールペンの開発は、ボールがなめらかに回転すること、すなわちペンの先端で支える部分とまわるボールとのあいだの摩擦力を小さくすることと、ボールそのものの摩耗を減らすことに費やされました。

現在では、ボールを支える部分にはステンレスが使われます。ボールについては、ステンレスは安く製造できるの

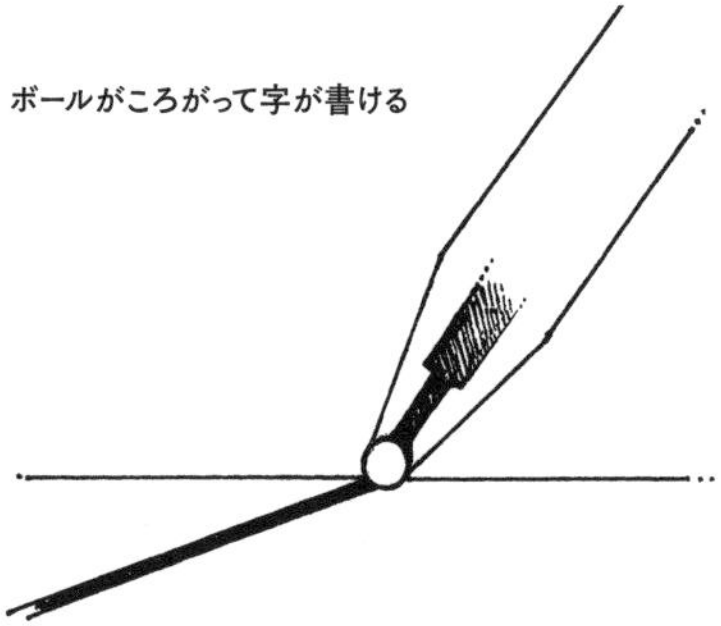

ボールがころがって字が書ける

ビーロー

ですが摩耗に弱いところがあり、超硬合金《ちょうこうごうきん》やセラミックスも使われるようになりました。高級ボールペンでは、摩耗に強くすべりのよい人造ルビーが使われるそうです。

なお、ボールペンという名称《めいしょう》は和製英語です。英語ではballpoint penといいます。イギリスでは考案者の名前にちなんでbiro（バィロゥと発音）ともいうそうです。

二〇〇二年にノーベル物理学賞を受賞した小柴昌俊《こしばまさとし》先生が、アルバイトとして高校で物理を教えたときの有名なエピソードがあります。試験で「この世に摩擦がなければどうなるのか」という問題を出題したのです。正解は――「白紙答案」でした。なぜでしょうか？　もうおわかりでしょう。摩擦がないと、筆記具で答えは書けないからです。白紙で出した「正解者」はいたそうですが、はてさて、ほんとうに「正解」だったのでしょうか？

⊃⊂字を消すにも摩擦《まさつ》が必要

鉛筆《えんぴつ》の話が出てきたので、最後に、消しゴムについてお話ししましょう。

鉛筆が生まれたとき、書いた字を消す道具はまだなく、パンを使っていました。い

≡毎日2回の火起こし≡ 伊勢神宮《いせじんぐう》では毎日、朝夕に、摩擦で火起こしする道具「御火鑽《みひきり》具《ぐ》」で火を鑽《き》りだして、神さまに供える神饌《しんせん》を調理する。その火を忌火《いみび》とよぶ。「清浄《せいじょう》な火」という意味。神饌は伊勢神宮の内宮、切妻造《きりづまづくり》の二重板葺《いたぶき》の建物「忌火屋殿《いみびやでん》」で調理される。

までも、木炭デッサンをするときには、消しゴムでは紙を傷めてしまうため、食パンを使って消すことがあります。

一七七〇年、酸素の発見で有名な化学者・哲学者のジョゼフ・プリーストリー（イギリス、一七三三―一八〇四年）が、天然ゴムを使うと鉛筆の字が消せることを発見し、一七七二年には世界初の消しゴムが発売されました。

ところで、日本では明治になってから、毛筆以外の筆記具が普及《ふきゅう》しました。あわせて消しゴムも使われはじめますが、はじめは外国製品を輸入していました。大正時代に国産のメーカーができ、やがて、「プラスチック消しゴム」が開発されます。塩化ビニルを研究していた技術者が、まちがった部分を消そうとして消しゴムが見当たらず、たまたまそばにあった塩化ビニルの切れ端《はし》でこすってみたところ、天然ゴムの消しゴムよりもよく消えた、という出来事が開発のきっかけとなりました。日本のゴムメーカーの快挙で、昭和三十年代には世界に先駆《さきが》けて発売されています。

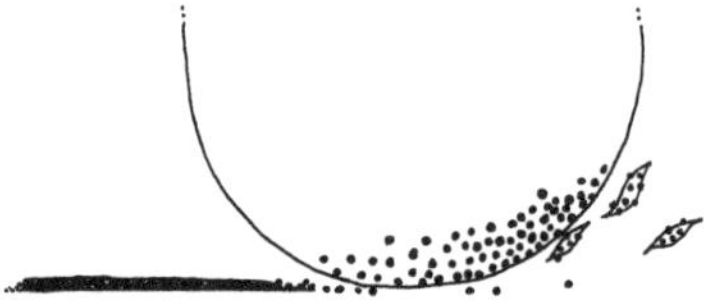

黒鉛の粒は、強力な摩擦によって
紙からはがされ、消しゴムにくっつく

プリーストリー

ゴムにしても塩化ビニルにしても、鉛筆の字を消すメカニズムは同じです。やはり、摩擦《まさつ》がポイントです。

紙の上に乗っている黒鉛の粒《つぶ》は、はじめ消しゴムの表面にくっつき、つぎに消しかすに包みこまれて紙と消しゴム表面から離《はな》れます。黒鉛にとっては、紙よりも消しゴムとの摩擦のほうが大きいのです。紙と消しゴムから同じように力を受けた黒鉛の粒は、摩擦の小さな紙とのあいだではすべり、摩擦の大きな消しゴムとのあいだでは動きません。そのため、消しゴムの表面にくっつくことになるのです。

⊃⊂ 分子で「設計」する潤滑剤《じゅんかつざい》

さて、摩耗《まもう》のあれこれについても、ここで少し触《ふ》れておきましょう。

最近、「激落ちくん」という商品名で、水だけで汚《よご》れが落ちるというスポンジ状のものが売られています（製造＝レック）。激落ちくんの材質であるメラミンフォームは、メラミン樹脂《じゅし》をミクロン単位で発泡《はっぽう》させた、硬度《こうど》の高い骨格構造です。このひじょうに細かい無数の網《あみ》の目で、しつこい汚れを水だけでかんたんにかきとることができます。つまり、消しゴムのように汚れを包みこむのではなく、紙やすりのように削《けず》りと

≡古典作品にみる摩擦❶≡〈きぬずれ〉衣の音なひはらはらとして（源氏物語・帚木《ははきぎ》）／うちそよめく衣のおとなひなつかしう（枕草子《まくらのそうし》・心にくきもの）／〈虫の声〉秋風のやゝ吹《ふ》きしけば野を寒みわびしき声に松虫ぞ鳴く／わがごとく物やかなしききりぎりす草のやどりに声絶えず鳴く（いずれも紀貫之《きのつらゆき》）

るのです。ですから、やわらかい塗装面《とそうめん》の汚れをとりのぞこうとして使うと、傷だらけになってしまいます。わたしの知人は大切にしている真っ白なノートブック型のパソコンの手あかをきれいにしようとして、無残な結果になり、涙《なみだ》に暮れていました。

摩擦《まさつ》によって削りとられる摩耗は、機械にとっては致命傷《ちめいしょう》です。

靴《くつ》は、底がすり減ると履《は》けなくなりますが、同じように、自動車や自転車では、タイヤがすり減って溝《みぞ》がなくなったら、危険ですから交換《こうかん》しなくてはいけません（靴底やタイヤに刻まれている溝の働きについては、Ⅱ章でくわしくお話しします）。

機械どうしのあいだで起こる摩耗を少なくするためには、潤滑剤《じゅんかつざい》の働きが重要になります。潤滑剤でもっとも一般的《いっぱんてき》なものは「油」ですね。ミシンや自転車に油を注《さ》すと、動きがとてもなめらかになることはよくわかります。潤滑剤の役割は、摩耗を少なくするだけではありません。摩擦熱を少なくする役割もあります。機械の金属どうしの摩擦による熱で、金属が融点《ゆうてん》に達し、溶接《ようせつ》されたようになる「焼きつき」という現象は、摩耗よりももっと深刻な問題なのです。

潤滑剤としての油は、これまで天然のものが使われてきましたが、技術が発達し、複雑な機械が使われるようになって、油に必要とされる条件もきびしくなり、現在で

≡古典作品にみる摩擦❷≡〈虫の声〉草ふかみ分け入りて訪《と》ふ人もあれやふり行く宿の鈴《すず》むしの聲《こえ》／うち具する人なき道の夕されば聲立ておくるくつわ虫かな（いずれも西行）／夜もすがら聞くともなしに聞てけりいをねぬねやのこほろぎの声（樋口一葉《ひぐちいちよう》）

は「分子レベル」で潤滑油を「設計」し、合成しています。航空機のジェットエンジンには、そういった合成油が使われています。

また、潤滑剤の開発は、動力を減らすことができ、それに必要なエネルギーの節約にもつながることから、工学では注目されている分野です。


さて、I章はこれでおしまいです。摩擦の意外な一面をわかってもらえたでしょうか？　摩擦がわたしたちの暮らしに、いかにかかわっているか、いや、摩擦とかかわることで、わたしたちは暮らしをいかに豊かにしてきたか、考えれば考えるほど、摩擦の存在は、はかり知れないものがあります。

つぎのII章では、探究と解明の楽しいエピソードをたくさんご紹介《しょうかい》します。ものとものとがこすれあうことによって発生する摩擦力。この摩擦力については、大勢の発明家や学者が、その性質や原因を追究してきました。まずは、その歴史から、たどっていきましょう。

II

邪魔《じゃま》ものに魅《み》せられて

——摩擦力《まさつりょく》の追究

最初の研究者、レオナルド・ダ・ヴィンチ

「わたしの発明したくみ上げポンプがもっとなめらかに動けば、短い時間でたくさんの量をくみ上げることができるはずだ。プロペラがもっとなめらかにまわれば、ヘリコプターはたやすく揚力《ようりょく》を得られるはずだ」

イタリア・ルネッサンスを代表する芸術家であり、発明家でもあったレオナルド・ダ・ヴィンチ（一四五二―一五一九年）は、さまざまな機械のアイデアをスケッチに残しています。そのなかのいくつかは、試作したとも伝えられています。きっと実際につくってみて思うとおりに動かずに、歯ぎしりしたことも多かったはずです。

わたしの機械に摩擦力《まさつりょく》が働かなかったら……。どうしたら摩擦力を減らせるのだろう――。そうして、ダ・ヴィンチは摩擦力そのものの研究をはじめました。歴史上、摩擦の研究についての記録をはじめて残した人です。

ダ・ヴィンチ

ダ・ヴィンチはまず、材質が違《ちが》うと摩擦力の大きさが違うことを見つけました。

たとえば、木材と石材を同じ場所で運ぶとき、油を潤滑剤《じゅんかつざい》としてまけば、運びやす

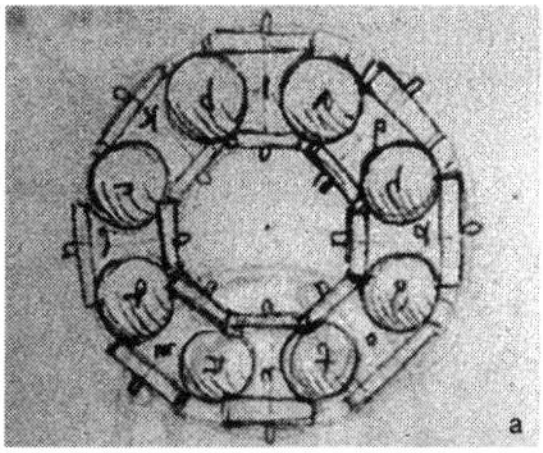

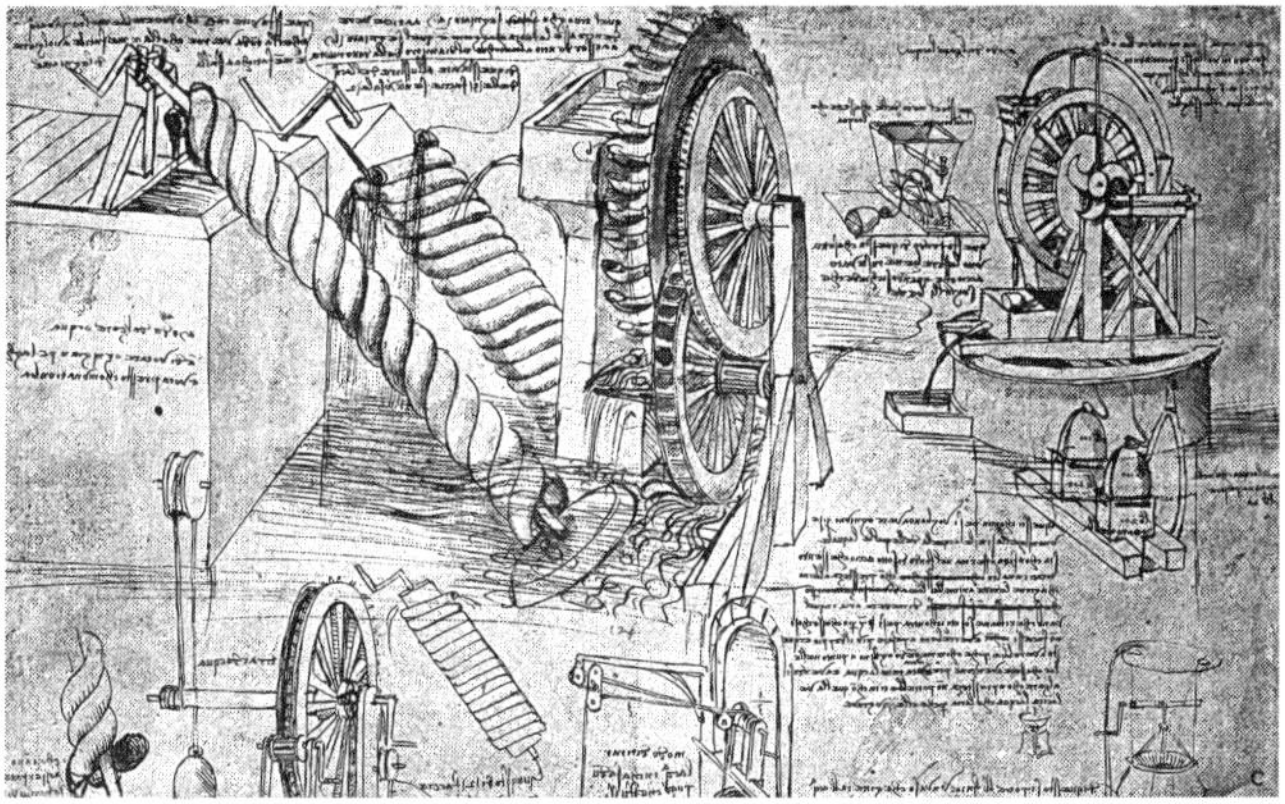

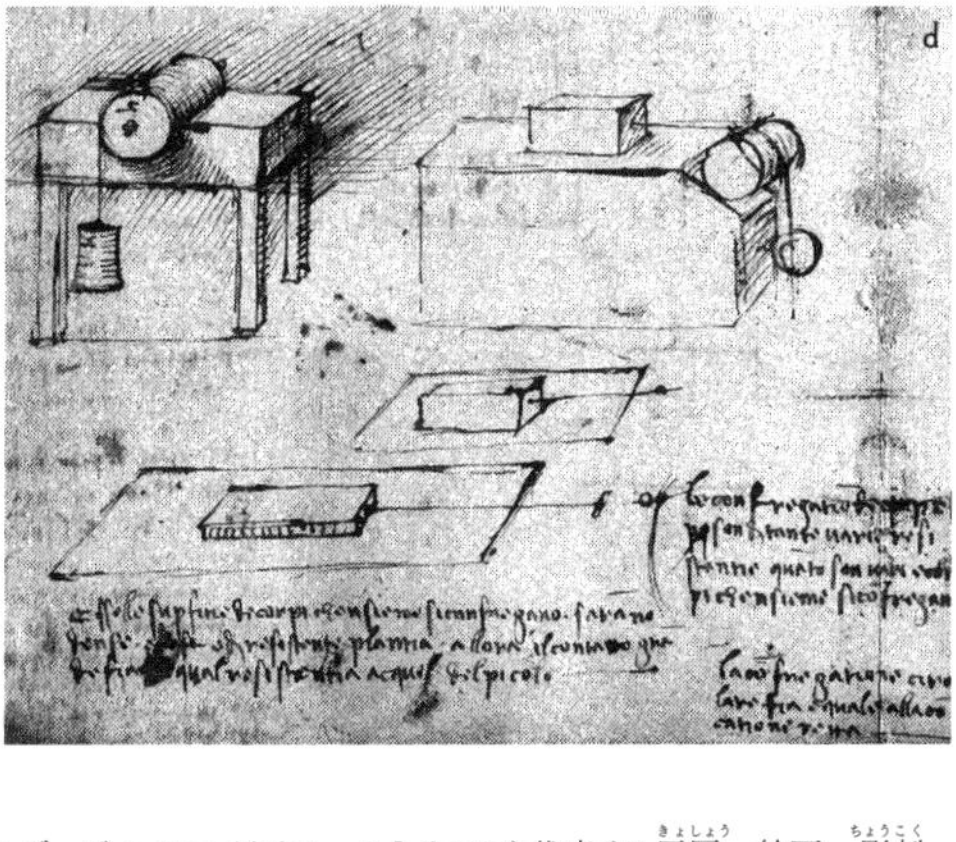

ダ・ヴィンチのスケッチ
a. ベアリング
b. ヘリコプター
c. くみ上げポンプ
d. 摩擦実験

≡摩擦の研究者たち❹：ダ・ヴィンチ≡ イタリア・ルネサンスを代表する巨匠《きょしょう》。絵画・彫刻《ちょうこく》・建築・音楽・科学・数学・工学・発明・解剖学《かいぼうがく》・地学・地誌学・植物学などに業績を残した天才。フィレンツェ共和国のヴィンチ村に生まれ、14歳《さい》のときに画家ヴェロッキオの工《こう》房《ぼう》に弟子入りした。

さの違いは、おもに重さや形によります。ところが、油をまかずに木材・石材それぞれを置いて同じように引くと、地面に接している面の材質の違いで「すべりやすさ」そのものに違いが出ることに気がついたのです。

そこでダ・ヴィンチは、つぎつぎに実験をして、すべりやすさに何がかかわっているかを調べつくしました。

「あらゆる物体は、すべらそうとすると、摩擦力という抵抗《ていこう》を生ずる」

これが、ダ・ヴィンチがたどり着いた、もっとも根本的な法則です。

さらに、つぎのような決まりも発見しました。

「ともに表面がなめらかな平面と平面とのあいだの摩擦の場合、この摩擦力の大きさは、その重量の四分の一である」

たとえば、あなたが体重四十キログラムだとします。靴下《くつした》を履《は》いてつるつるした床《ゆか》の上に立っていると、あなたに働く摩擦力の大きさは、十キログラム分の重さということになります。これは今日の科学でも、そんなに見当違いな値ではありません。

ほかにも、

◉摩擦力の原因は表面の凸凹《でこぼこ》にあること
◉摩擦面のあいだにあるものによって、摩擦力が大きく変わること
◉接触面積《せっしょくめんせき》は関係しないこと
◉すべり摩擦と、ころがり摩擦があること

といった発見をしています。このような、今日、経験できる摩擦力の法則のほとんどを、机の上の実験で発見してしまいました。さすが、天才ですね。

その実験の図は、いまでも残っています。けれども、どんなふうに実験をしたかは、図だけ見てもよくわかりません。

ばねばかりがあれば、引っぱって直接摩擦力をはかればいいのですが、もっとかんたんに、ここでは、つぎのように摩擦力の大きさをはかってみましょう。

≡摩擦の研究者たち❺：アモントン≡ パリ生まれの技術者・物理学者。弁護士の息子として生まれる。子ども時代に聴覚《ちょうかく》を失い、熱力学や摩擦、科学機器の研究に没頭《ぼっとう》した。湿度計・気圧計・温度計などを製作、とくに海上で使えるものをくふうした。

A　本と消しゴムとのあいだのすべりやすさをはかる

① 本の上に消しゴムを乗せ、傾《かたむ》けていって、すべりだした角度をはかってみましょう。

② 本の上に消しゴムを乗せ、落ちないで行ったり来たりさせるとき、一分間にゆらす回数を数えてみましょう。

B　接触面積と摩擦力との関係を調べる

本の上で、消しゴムを立てたときと寝《ね》かせたときの、傾けてすべりだす角度を比べてみましょう。

ほかにもいろいろな組み合わせではかれば、それぞれ摩擦力の大きさがわかります。

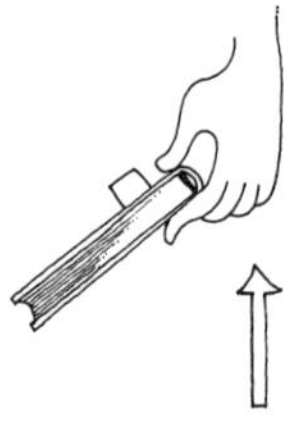
A-① 角度が大きいほど、摩擦力は大きい

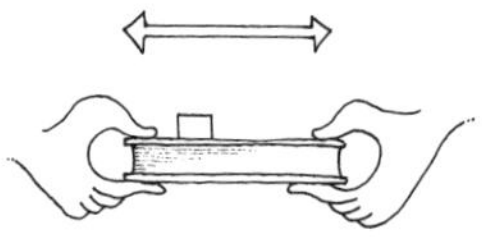
A-② ゆらす回数が少ないほど、摩擦力は大きい

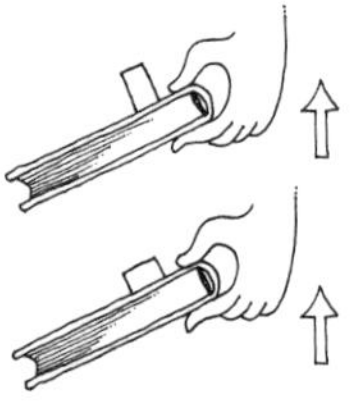
B 接触面積が変わっても、摩擦力は同じ

動きだすまでと動いてから――アモントンとクーロン

フランスのギヨーム・アモントン（一六六三―一七〇五年）は、湿度計《しつどけい》、気圧計、温度計、信号機などなど、いろいろな機械を発明しました。そして、ダ・ヴィンチと同じように、機械づくりをとおして摩擦《まさつ》の法則性に気づいた人でもあります。

今日、アモントンの法則といわれるものは、つぎの二つです。

❶摩擦力は、机や床《ゆか》が支える力に比例する。

❷摩擦力は、接触面積《せっしょくめんせき》によらない。

まず、❶の法則についてです。

これまでの話から、摩擦力は重さに比例すると思われたのではないでしょうか。机や床が物体を支える力（垂直抗力《すいちょくこうりょく》といいます）は、たいていは重さ（重力）と等しいのです

アモントン

≡**摩擦の研究者たち❻：クーロン**≡ フランス生まれの物理学者。摩擦の法則よりも、電荷の量や距離《きょり》と静電気力の大きさの関係（クーロンの法則）を、ねじれ秤《ばかり》を用いた測定で見いだしたことで有名である。電荷の単位［C］（クーロン）は、彼《かれ》の名にちなんでいる。

が、物体にひもなどをつけて上向きに引っぱると、そのぶん垂直抗力は減ります。

垂直抗力は、物体がどれだけの重みを机や床にかけているかによっていて、その結果として机や床がどのくらいの力で物体を支えているか、物体と机や床がたがいにおよぼしあっている力と考えることもできます。つまり、摩擦力は、物体の重さ、すなわち重力ではなく、物体と机や床がたがいにおよぼしあっている力の大きさによるのです。

手のひらをこすりあわせて、摩擦力を感じてみましょう。軽くこすりあわせた場合と、ぐっと力をこめてこすりあわせた場合とで、その違《ちが》いはよくわかりますね。

同じ重さのものでも、床から離《はな》れないていどに上に持ちあげながら水平方向に引っぱるとらくに動かせることは、日常、経験することができます。

❷の法則についてアモントンは、接触面積の考え方や実験方法などに悩《なや》まされ、明確な結論に達することはでき

少し持ちあげたとき

ただ置いたとき

ませんでした。確実にあきらかにしたのは、同時代のフィリップ・ド・ラ・イール（フランス、一六四〇―一七一八）です。彼《かれ》は、一定の重さをかけ、接触面積の異なる木や大理石を用いて実験しました。56頁《ページ》のBの実験が、この❷の法則についてです。

これらの法則を、フランスの物理学者、シャルル＝オーギュスタン・ド・クーロン（一七三六―一八〇六年）はさらに検討《けんとう》しました。クーロンは電気の研究のほうが有名で、電荷の単位にその名前が使われている人です。土木技術者でもあったので、城塞《じょうさい》の建設のために耐久性《たいきゅうせい》や構造のさまざまな研究をし、そのなかで摩擦力についても探究します。クーロンは、アモントンの二つの法則に、あらたな法則を補足しました。

❸止まっているものを動かそうとするときの摩擦力（静止摩擦力）は、
動いているあいだの摩擦力（動摩擦力）よりも大きい。
❹動いているあいだの摩擦力は、速度によらず一定である。

ラ・イール

クーロン

≡**フリーメイソン❶**≡「フリーメイソンリー」は英語で独立石工会というような意味。成員は「フリーメイソン」とよばれる。もともとは教会や城塞建築の石工相互扶助団体《せっこうそうごふじょだんたい》。連帯責任や秘密保持が必要となる集合組織で、飯場（ロッジ）で工事の分担や職人の賃金について話しあったのがはじまり。

この四つの法則を、「アモントン・クーロンの法則」といいます。

❸と❹の法則は、数学者であり物理学者でもあったレオンハルト・オイラーが、斜《しゃ》面《めん》を使った実験で証明しています（オイラーは73頁《ページ》にも登場）。

オイラーは、本と消しゴムの実験と同様にして、静止摩擦力を求めました。また、斜面に二つの印をつけ、そのあいだの距離《きょり》をものがすべる時間から平均の速さを計算することで、動摩擦力を求めました。これらを比較《ひかく》して、静止摩擦力のほうが大きいことを示し、また、同時に動摩擦力が速さによらないことも確かめました。

❸の法則は、日常よく経験することです。動きだすまでは大きな力が必要でも、いざ動きだすと、ふっと力が抜《ぬ》けるように感じます。

たとえば、空気鉄砲《くうきでっぽう》で考えてみましょう。空気鉄砲をつくったことがありますか？学校では、空気の働きを知る実験で出てきますが、じつは空気鉄砲は、静止摩擦力と動摩擦力の違《ちが》いを知る、とてもよいおもちゃなのです。

空気鉄砲のピストンをぐっと押《お》していきます。ここでは、静止摩擦力が働いているので、紙玉は動きません。さらに力を加えて限界を超《こ》えると、筒《つつ》とのあいだに動摩擦力が働くにもかかわらず、紙玉は勢いよく飛びだします。このことから、静止摩擦力の限界よりも動摩擦力のほうが小さいことがわかります。

空気鉄砲の中のせめぎあい

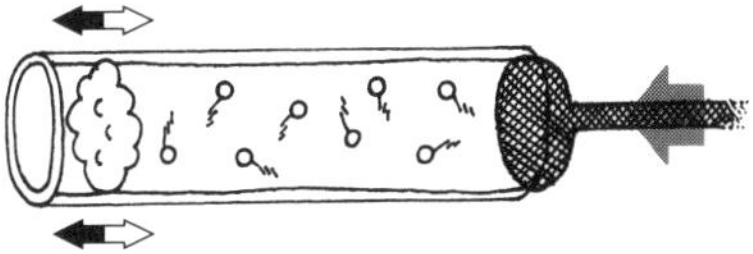

①右の押し手を押すと、あいだの空気が押し縮められ、左の玉に力がかかりはじめる。どんどん押すと、どんどん縮み、押す力も増していく。

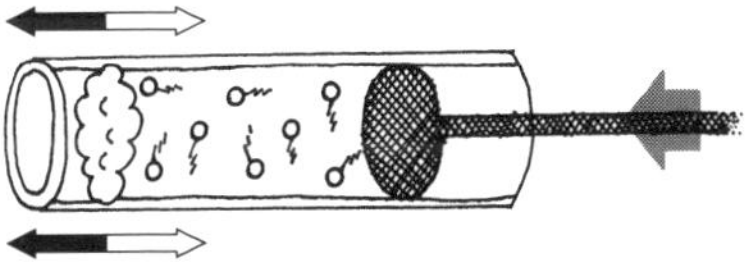

②あいだの空気が押し縮められて、左の玉にかかる力が増していく。動かないギリギリが、最大摩擦力（これ以上大きくなれない摩擦力）。

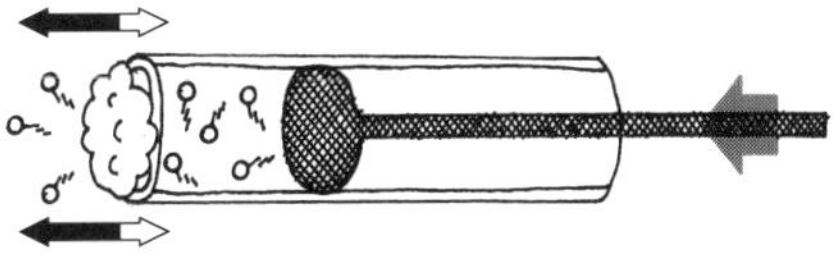

③押す力が最大静止摩擦力を超えると、つりあいが崩れ、玉は動きだす。動摩擦力が働くが、最大静止摩擦力より小さいため押す力のほうが大きく、玉は加速し、飛びだす。

押す力　摩擦力

摩擦力は接触面で押す力とは反対向きに生じる。玉が動かないあいだはこの２力は同じ大きさでつりあっている。

≡フリーメイソン❷≡ 近代メイソンリーの起源は18世紀イングランド。1666年のロンドン大火ののち、国王が識者に命じて、火災に強い壮大な近代的都市計画を立案させ、石工団体が集合。その後、ニュートンを中心に、ウェストミンスター寺院設計のレン、彗星《すいせい》発見者のハリーらも活躍《かつやく》して、科学団体ロイヤルアカデミーの発展と表裏一体で体制が完成した。

「凹凸説《おうとつせつ》」対「凝着説《ぎょうちゃくせつ》」論争——クーロンとデザギュリエ

これらのことから、摩擦力《まさつりょく》の原因は、触《ふ》れているものの表面がでこぼこしていて、それがたがいに引っかかるからだと、前出のクーロンは考えました。

これを、「凹凸説《おうとつせつ》」といいます。ダ・ヴィンチも、同じように考えていました。

これを覆《くつがえ》したのが、イギリスのジョン・テオフィロス・デザギュリエ（一六八三—一七四四年）でした。デザギュリエは、友愛組織・フリーメイソンの大組織をつくりあげるうえで、ニュートンらとともに中核《ちゅうかく》となった一人で、摩擦力についての業績はあまり知られていません。彼《かれ》は一七二五年、英国学士院で、鉛《なまり》の球の凝着実験《ぎょうちゃくじっけん》をおこないました。二つの鉛の球をねじりながら押《お》しつけると、くっついてぶらさげられるというものです。

この実験によって彼は、摩擦力が、ものの表面の原子

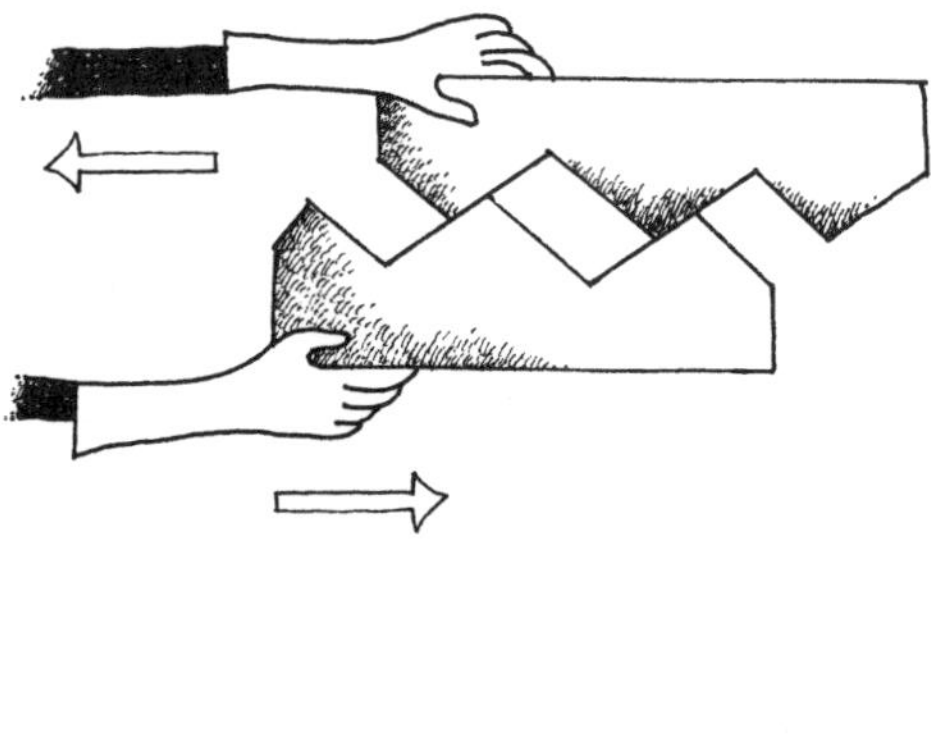

凹凸説のイメージ

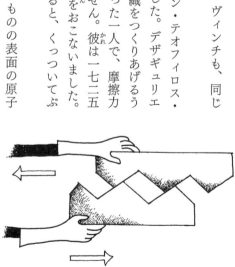

や、原子から構成される分子のあいだに働く力によるものだと考えました。これを「分子説」といいます。

クーロンの凹凸説とデザギュリエの分子説、どちらが摩擦の原因として正しいのかは、長いあいだ決着がつきませんでした。しかし、その論争こそが、摩擦力の研究を発展させていったのです。

では、その論争のなりゆきは、どうなったのでしょうか。

凹凸説と分子説、十九世紀はとくに両者とも進展なく終わりましたが、二十世紀に入り、大きく進展します。

デザギュリエの実験。
釣り用の鉛のおもりでもできる

≡フリーメイソン❸≡ 本来は実業家や名士の親睦《しんぼく》、信用《しんよう》扶助《ふじょ》の面が強いが、その活動は公開されていない。現在も世界中に「ロッジ」はあり、会員は数百万人にのぼる。入会できるのは、一般《いっぱん》に成年男子に限られ、また、なんらかの宗教について信仰があることが求められる。

分子説から発展した「凝着説」（分子のあいだの力でくっつくことから、このようにいわれるようになりました）が登場したのです。固体の表面の仕上げと清浄化《せいじょうか》の技術の進歩により、「きれいな固体表面の摩擦」について、研究はあらたな展開を迎《むか》えることになりました。

二十世紀初頭、イギリスの生物学者、ウィリアム・ベイト・ハーディ（一八六四―一九三四年）は、よく磨《みが》いたガラス面どうしと、粗《あら》く仕上げたガラス面どうしでは、よく磨いたほうが摩擦は大きいことを報告しました。生物学者がなぜこうした報告を？と思いますが、細胞膜《さいぼうまく》の研究を深めていくときに、膜の境界面の濃度《のうど》を調べる方法として摩擦を測定しており、やがて摩擦そのものの研究にのめりこんでいったようです。

また、同じ頃《ころ》、ドイツの電子機器の製造会社、シーメンスの技師であったラグナー・ホルム（一八七九―一九七〇年）は、真空中で固体表面の汚《よご》れを加熱し蒸発させてとりのぞ

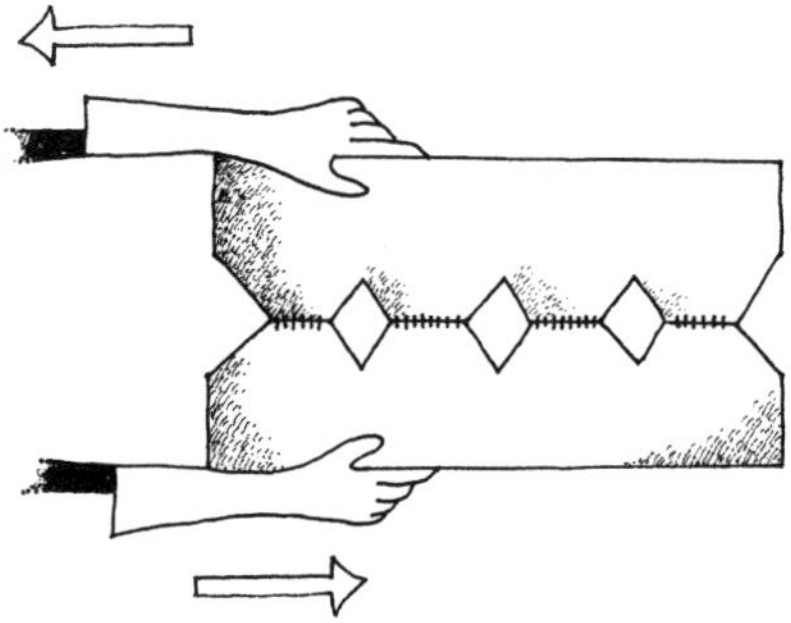

凝着説のイメージ

くと、摩擦が増大することを発見しました。これらの発見が、凹凸説に大きな打撃《だげき》を与《あた》えました。

しかし、凹凸説の側も負けてはいません。日常経験するように、ものを横にすべらせれば摩擦力は発生しますが、上に持ちあげるときにくっついてものが離《はな》れないということは、あいだに接着剤《せっちゃくざい》や水がないかぎり、ありません。凝着説が正しければ、あいだに何もなくても、上に持ちあげるときに、分子間力によって何がしかの抵抗《ていこう》力《りょく》が働くはずです。凹凸説論者からこのような反撃を受けたハーディは、この難題に長年取り組みましたが、努力は実らず、失意のうちに亡くなりました。

それでも、その後のさまざまな研究から、二つの大きな発見につながります。

第一に、接触面《せっしょくめん》がこすれあうと汚れの膜がとれ、きれいな表面が露出《ろしゅつ》して、凝着が生じやすくなることがわかりました。これは、こすれあう場合にのみ凝着が起きやすいことの説明になり、真上に持ちあげるときに生じない理由となります。

ホルム　　ハーディ

≡ホルムが在職したシーメンス社とは≡ 1847年にベルリンで創業した電信機器メーカーで、1861年には江戸幕府《えどばくふ》14代将軍・徳川家茂《とくがわいえもち》に電信機を献上《けんじょう》している。世界ではじめて電車を走らせた会社でもある。現在はミュンヘンに本社をおく多国籍企業《たこくせききぎょう》となっている。

第二に、押しつけたものを真上に引きあげるということは、押しつけられた下のものにとっては、単純に、加えた重みがなかった状態にもどるということです。上から押しつけられていったん凝着が起こっても、加わった重みがなくなるとともに、両者の表面はもとの状態にもどろうとします。そして、上のものが離れていくとともに、生じていた結合がかんたんに壊《こわ》れて、凝着は消えてしまうのです。そのため、真上に引きあげる場合は、くっついてきません。

以上の二点からこの難題は解決し、ついに凝着説の勝利となりました。

あきらかに凹凸が摩擦力の原因と思われる場合にも、凹凸が接触しているところでは凝着が起こっていると考えることができます。このように、凝着説の中に凹凸説が組みこまれたといえるでしょう。

紅茶カップの科学――レイリー卿《きょう》の発見

これまでにご紹介《しょうかい》した、ダ・ヴィンチにはじまる摩擦《まさつ》の本格的な研究のほかにも、著名な物理学者がユニークな研究や考えを発表しています。まずは、イギリスの物理

レイリー卿

学者、レイリー卿《きょう》（ジョン・ウィリアム・ストラット。一八四二―一九一九年）のエピソードからご紹介しましょう。

　レイリー卿は、知り合いの館に招かれて紅茶をごちそうになるとき、「少しこぼして失礼しました」と幾度《いくど》となく言われることに気がつきました。そこで、こぼれる瞬間《しゅんかん》をよく観察してみると、たいていは、紅茶カップがお皿の上ですべって動いてしまい、それを止めようとして思わずお皿を傾《かたむ》けるから、お茶がこぼれるのだとわかりました。

　さらにレイリー卿は、ある現象に気づきます。紅茶が少しこぼれてカップの糸底を濡《ぬ》らすと、とたんにすべりにくくなるのです。

　みなさんも、やってみてください。本と消しゴムの実験と同じように、紅茶カップをお皿に乗せ、お皿を少しずつ傾けて、すべりだす角度を測ります。カップの底が濡れているときと濡れていないときとを比べてみましょう。

　けれども、どうして濡れることで、すべらなくなるので

落として割らないように、
そおっと、そおっと

≡摩擦の研究者たち❼：レイリー卿≡ イギリス貴族の物理学者。弟に家督《かとく》をゆずって研究に専念した。著書『音響学《おんきょうがく》』や、空の青や夕焼けの赤の説明となる空気分子による光の散乱（今日レイリー散乱とよばれる）の研究が有名。アルゴンガスの発見でノーベル物理学賞。心霊《しんれい》現象《げんしょう》の実験にもしばしば挑戦《ちょうせん》した。

しょうか。雨の日やプールサイドを思い出してみると、濡れていてつるりとすべりやすいですね。濡れるとすべらなくなるというのは、不思議な気もします。一方で、すべすべのビニール袋《ぶくろ》を乾《かわ》いた指先で開こうとしても、すべってなかなか開かず、すべり止めにちょっと湿《しめ》らせると、うまく開くことがあります。水はすべり止めにもなりそうです。

レイリー卿の発見した、紅茶カップがすべりにくくなる現象は、紅茶がこぼれると、お皿やカップの底の表面にある油分が熱い紅茶で洗い流され、すべりにくくなるからと考えられています。さらに、すべすべの陶器《とうき》のあいだに水がつくことで、水の表面張力が引きとめる役をなします。わずかな油分であっても、いわばぬるぬるの油がついている状態です。水に濡れることで、逆にすべりやすかった油が減ってしまう状態になるのでしょう。油に比べると、水は表面張力で引きとめる力が強く、油分だけのときよりすべりにくいといえるでしょう。

とくにイギリスでは、ふつう食器を洗剤《せんざい》を入れたお湯につけたあと、すすがず、そのまま乾かすか、リネンで磨《みが》くだけでした。レイリー卿のティーカップは、単純に濡れるだけの場合よりも、わずかに残った洗剤が水分に溶《と》けだし、油分を洗い流しやすくなって、底がすべりにくくなる現象がよく現れたのではないでしょうか。

雨の日のスリップ――寺田《てらだ》寅彦《とらひこ》の研究

日本の明治時代にも、偉大《いだい》で魅力的《みりょくてき》な科学者がいました。物理学を研究した寺田寅彦《てらだとらひこ》（一八七八―一九三五年）です。寺田は夏目漱石《なつめそうせき》と親交があり、随筆《ずいひつ》も数多く残しています。

寺田寅彦

「ねえ君、不思議だと思いませんか」

稲妻《いなずま》のように、空気の中を電気が飛ぶ「放電」の火花の形をずっと観察していると、そのときそのときの偶然《ぐうぜん》で異なっているように見える形にも、じつは規則性があるらしい。そんなようすに魅《み》せられて、若き弟子にこのように語りかけるエピソードが語りつがれています。

「（自然は無尽蔵《むじんぞう》だというが）たとい一本の草、一塊《かい》の石でも細かに観察し研究すれば、数限りもない知識の泉になるというのです」

こうした寺田の言葉は、わたしたちに観察の大切さを説いています。

≡皿洗い文化の違《ちが》い≡ 食器を洗剤入りの水で洗ったあと、すすがず、ふくだけという習慣をもつ国は多い。理由はいろいろ考えられる。水の安全性が保障されていなかった時代のなごりとか、水が貴重な地域だからとか、あるいは、硬水《こうすい》のため乾くと水あとが食器について、磨いても光らなくなるから、など。

そんな寺田の随筆のなかに、雨の日に道路がすべることについて書いたものがあります。

「煉瓦《れんが》やアスファルトの所はすべらないのに、適当に泥《どろ》の皮膜《ひまく》をかぶった人造石だとなかなかよくすべる」

こう気づいた寺田は、なんとかうまく歩く方法を考えました。雨の日は一年に何回もあり、毎度毎度、靴《くつ》ですべってはズボンをはねで汚《よご》すのは、本意ではなかったのでしょう。

「おもしろいことには靴底の皮革の部はすべらないで、かかとのゴムの部分だけがよくすべるのである。それでこういう際はかかとを浮《う》かして足の裏の前半に体重を託《たく》してあるけば安全だということを発明したわけである」

と自慢《じまん》しています。さらにその理由として、泥をふくむと水の粘度《ねんど》が増すので、靴底と路面の

ここがすべる

あいだにぬるぬるの粘性の高い膜ができてすべるのだろうと解釈《かいしゃく》したうえで、しかしそれだけならば、人造石とゴムの組み合わせがもっともすべりやすくなくてもよいのではないか、摩擦現象《まさつげんしょう》として未解決のおもしろい問題だとしています。さすが科学者、はねが上がらない歩き方に気がついただけでは満足しなかったようです。

いまではこの問題は、二つの面のあいだに液体を挟《はさ》んで押《お》しつけた場合、圧力によって表面が変形してくぼみができ、液体が閉じこめられることから説明されます。寺田の時代には、摩擦面の変形は考えられていなかったので、未解決の問題としたのでしょう。

つまり、靴底の革の部分は変形しにくいので、路面と直接触《ちょくせつふ》れるためにすべらないけれども、ゴムの部分は変形しやすいので、真ん中に泥水を閉じこめ、泥水の上に浮かんだような状態になってすべるのです。また、人造石は均一で平らな面であることから泥水がはけず、ゴムの中に泥水をたまりやすくし、すべりを大きくしたのでしょう。

このスリップと同じような現象は、雨の日に自動車がブレーキをかけたときに、タイヤと路面とのあいだで起こりやすく、「ハイドロプレーニング」とよばれています。このことを防ぐために、タイヤにはいろいろな凸凹《でこぼこ》の模様が刻まれています。

≡摩擦の研究者たち❽：寺田寅彦≡ 熊本《くまもと》の第五高等学校在学時、英語教師の漱石と親交を結ぶ。「吾輩《わがはい》は猫《ねこ》である」の水島寒月は寺田がモデルとも。東京帝国《ていこく》大学を卒業、「尺八の音響学的《おんきょうがくてき》研究」で博士号。「X線の結晶透過《けっしょうとうか》」（ラウエ斑点《はんてん》）、金平糖《こんぺいとう》の角の研究、線香《せんこう》花火の研究などが有名。専門は地球物理学。「天災は忘れたころにやってくる」と語った人。

スキーやスケートがすべるのは？

スキーやスケートは、板やブレードが接《せっ》触《しょく》した面の雪や氷が溶《と》けて水になり、その潤《じゅん》滑作用《かっさよう》によってすべるのだと、長く考えられてきました。接触した面が溶けるのは、圧力によるという説と、摩擦熱《まさつねつ》によるという説があります。圧力説は、スキーもスケートも大柄《おおがら》な人のほうが加速するのに有利であることから出てきました。

どちらにせよ、余分な水は妨《さまた》げになるので、たとえばスキー板には濡《ぬ》れにくい材質を使ったり、接触面に水を排除《はいじょ》するための溝《みぞ》をつけたり、ワックスを塗《ぬ》ったりすることが有効であるとされ、その効果も確認されてきました。

ところが最近、氷そのものの摩擦係数はひじょうに小さいことがわかってきました。溶けなくてもスケートはすべるのです。さらに、スキー場の粉雪は固体とは見なしがたく、粉体という流体とも固体ともいえない特殊《とくしゅ》な状態であることも、話を複雑にしています。スキーもスケートも、すべっているときに、接触面を観察することができません。「すべる理論」は、まだ確立されていないのでした。

科学技術が発達したようにみえる現代でも、意外なことがわからないものですね。

滑車《かっしゃ》にも布地にも摩擦《まさつ》がある――オイラーのベルト理論

　スイスに生まれ、ロシアで活躍《かつやく》したレオンハルト・オイラー（一七〇七―一七八三年）は、筒《つつ》に巻きつけたロープがどのように役立つかを考え、発表しました。「オイラーのベルト理論」といいます。

　オイラーは数学者なのでむずかしい式で説明していますが、かんたんに言うと、円《えん》筒《とう》にベルトやロープを巻きつけたとき、巻きつけた回数が多いほど、つまりぐるっと巻いた総角度が大きいほど、ベルトやロープをすべらせるのに必要な力は大きくなるということです。たとえば、丸い横棒にロープをくるりとまわすと、一周で三六〇度、まわして両側に垂らすと一周と半分接触《せっしょく》するので五四〇度くらい、二回巻きつければ二周で七二〇度になります。また、巻きつけた角度が二倍、三倍になると、その力は二倍、三倍ではなく、飛躍的《ひやくてき》に大きくなるというものです。

　船が港に着いたとき、ロープを杭《くい》に数回巻きつけ、その先を長く垂らせば（これが重りになります）、結ばなくてもロープがほどけない理由は、この理論で説明できます。また、映画の西部劇で馬に乗って駆《か》けつけた主人公が、やはり、横木に手綱《たづな》を結ば

オイラー

≡摩擦の研究者たち❾：オイラー≡ 18世紀最大最高の数学者。ベルヌーイに才能を見いだされ、ロシアで数学・物理学・天文学・生理学と、多方面に膨大《ぼうだい》な業績を残す。全87巻予定の全集は、今日まで60巻以上が刊行されたが、なお完結していない。ニュートン力学の幾何学的《きかがくてき》な表現を解析学的《かいせきがくてき》に変えて、現代的な解析力学の確立に貢献《こうけん》した。

ず、くるっと巻きつけるだけで馬をおいていってしまうのも、同じ理由です。それだけで馬は逃《に》げだせないのです。寒い冬、首に巻きつけたマフラーが思いのほかほどけにくいことに気づく人もいるでしょう。

中学受験の定番、滑車《かっしゃ》の問題では、滑車とロープとのあいだの摩擦力《まさつりょく》は、暗黙《あんもく》の了解のもと無視することになっていますが、実際にはかなり大きな影響《えいきょう》があります。逆に、大きな摩擦があるからこそ、すべらず、重い荷物を持ちあげることができるのです。

オイラーの理論がうまく生かされているのは、布地です。布地がバラバラにならず形づくられているのは、布地の材料である糸のよりに、オイラーの理論が成立しているからこそなのです。

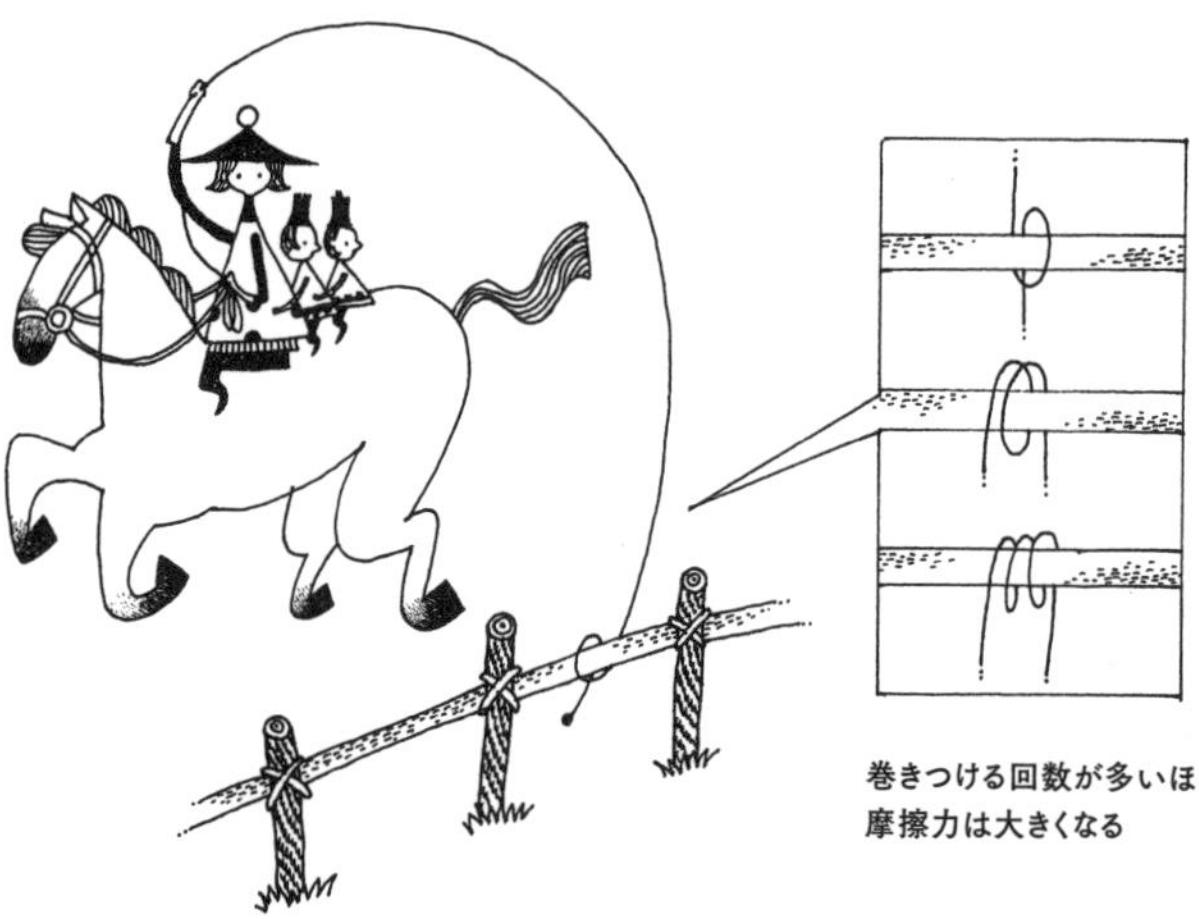

巻きつける回数が多いほど、
摩擦力は大きくなる

摩擦力《まさつりょく》を小さくするくふう——あの巨石《きょせき》を動かせ！

それではこんどは、摩擦力《まさつりょく》を減らすための人びとのくふうについてお話ししましょう。それは、人類の歴史そのものと言っても過言ではありません。

ピラミッド、神殿《しんでん》、墳墓《ふんぼ》……。大昔、時の権力者はこぞって、大きな建造物をつくりたがったようです。古代メソポタミアのレリーフには、巨大な石像をソリに乗せ、その下に丸太を置いて動かしている絵があります。

また、古代エジプトを舞台《ぶたい》にした「十戒《じっかい》」という映画に、こんな場面があります。神殿をつくるために切りだされた大きな石を、大勢の奴《ど》隷《れい》が綱《つな》で引っぱり、運んでいます。石の下には油が引かれます。石はなめらかに動いてほしい

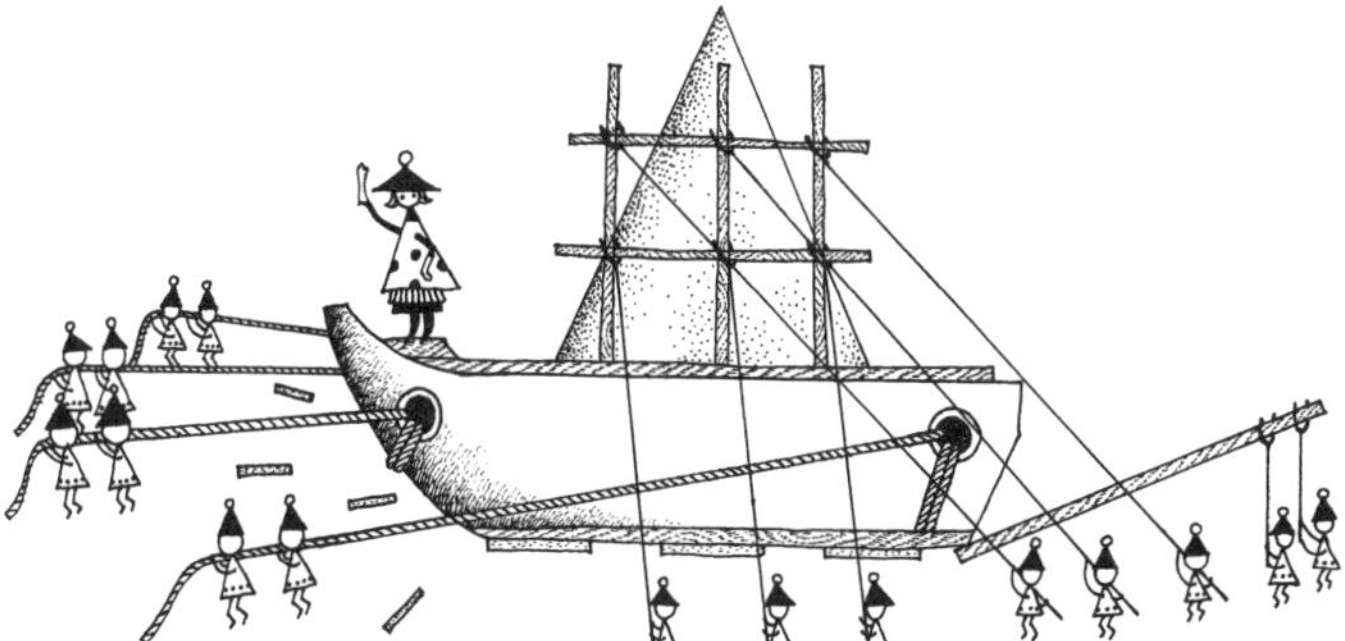

≡日本の巨石運び❶≡ 古代日本でも、重量石材の運搬《うんぱん》には巨大な木製ソリが使われた。修羅《すら》とよばれるY字やV字型をしたソリで、石を乗せてロープで引く。大阪《おおさか》の三《み》ッ塚《つか》古墳から大小2つの修羅が出土。いずれも二股《ふたまた》に分かれた一木で、大きいほうは全長8.8m、重さ3.2t。

ので、ぬるぬるした油が必要なのでしょう。（同じ場面で、それを引っぱる奴隷の足元には砂がまかれます。この理由は後述します。）

　さて、このように、大きく重いものを運ぶさい、動きをじゃまする摩擦力を小さくするために、人間はいろいろなくふうを重ねてきました。

　まず、そのまま引きずったのではたいへんなので、木でできたソリに乗せて引くことにしました。ソリの先（前方）は少し持ちあがっていて、地面に引っかかりにくく、地面に接する面はつるつるで、すべりがよくなっています。ソリに乗せて引っぱることで、摩擦力はそのまま引っぱるときの半分になりました。

　つぎに、ソリの下に、切り倒《たお》した木をそのまま使った丸太を横向きに置き、その上をころがすことにしました。すべらせるよりもころがすほうがらくだと、経験的にわかっていたからでしょう。この丸太のおかげで、引っぱる力は重さの五分の一になりました。

　さらに、丸太を形や長さのそろったコロにして、整地するかわりにコロと地面とのあいだに板を敷《し》くと、なんと、引く力は重さの二十分の一になりました。つまり、百キログラムのものでも、五キログラムの重さに相当する力で動かせるということです。

重いものをらくに運ぶには

地面の上にソリ……半分の力で引ける

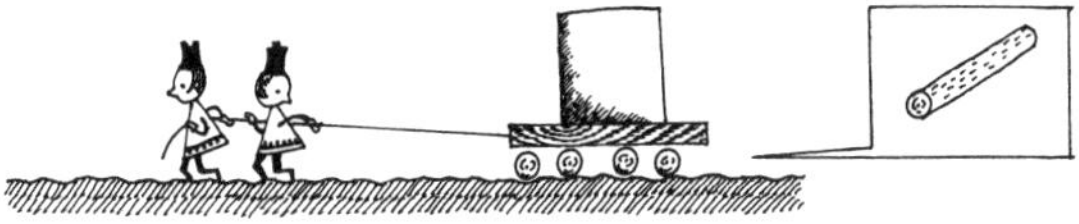

地面の上に丸太とソリ……5分の1の力で引ける

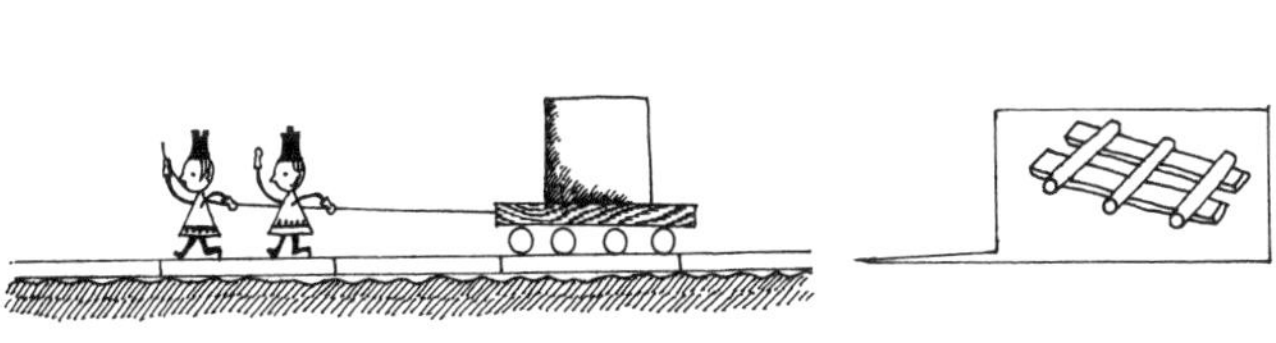

板の上にコロとソリ……20分の1の力で引ける

≡日本の巨石《きょせき》運び❷≡ 近世にも修羅《すら》に似た運搬《うんぱん》ソリを使ったようすが、屏風絵《びょうぶえ》などに残されている。「築城図屏風」（名古屋市博物館）は駿府城《すんぷじょう》の石垣《いしがき》構築現場を伝える。『尾張《おわり》名所図会』のなかの「加藤清正石曳《かとうきよまさいしひき》の図」や、大阪城天守閣《おおさかじょうてんしゅかく》蔵《ぞう》「石曳図屏風」では、車輪つきの荷台に石を乗せて運んでいる。

ころがして運ぶ、車輪の発明

すべらせるよりもころがすほうが摩擦力《まさつりょく》は小さくなることを利用したのが、車輪といえます。

車輪の発明は、紀元前四〇〇〇年とも五〇〇〇年ともいわれ、メソポタミアのシュメール人によるものとされています。その証拠《しょうこ》と考えられているものが、紀元前三五〇〇年頃《ごろ》のウルクの遺跡《いせき》で見つかっています。四輪車らしい絵文字が土板に記録されているのです。また、紀元前一三〇〇年頃の有名なツタンカーメンの墓からは、馬が引く二輪戦車が出土しました。

ただ、当時の車輪の強度は、せいぜい人が乗れるくらいであったようです。おもに、ソリが重いものを運ぶために使われ、車輪は人の移動

二輪戦車

に使われたといえるでしょう。
大昔から、人間は世界各地で、ものを動かす苦労を少しでも減らし、人が早く移動できるように、知恵《ちえ》を使ってくふうを凝《こ》らしてきたのですね。

日本でも、古代の人びとの移動といえば車輪、平安時代の貴族の乗りもの、牛車《ぎっしゃ》が思い浮《う》かびます。ところが、武士の時代になると人の乗りものは馬に変わり、江戸時代には駕篭《かご》になりました。また、海に囲まれた日本ですから、船による荷物の運搬《うんぱん》、人の移動も当然さかんでした。長きにわたり、日本では、人は車輪のある乗りものに乗っていないのです。なんと明治時代になるまで、車輪は大八車として軽い荷物の運搬に使われただけでした。これは、船方や馬

≡人力車はいつから≡ 16世紀の記録に、中国や日本でそれらしい乗りものがあったようすがあるが、19世紀に発明されたという説もある。明治初期に、政府が和泉《いずみ》要助・高山幸助・鈴木《すずき》徳次郎《とくじろう》に、発明者として営業を認めている。明治の幕開け前後に登場し、流行したと思われる。

方たちが車に客をとられるのを防ぐための政策によって、人の乗る車が禁止されていたからです。

現代はどうでしょうか。

もちろん、車輪は使われています。さらに、乗りものの摩擦力を小さくするために、現在では空気や磁気が利用されています。

つまり、ものとものとが触《ふ》れるから摩擦力が生まれるわけですから、直接触れないように、あいだに空気を挟《はさ》んだり、磁気《じき》で浮かせたりするのです。前者の代表が水陸両用の乗りもの、ホバークラフト、後者が磁気浮上式《ふじょうしき》リニアモーターカーです。

さて、乗りもののほかに、もっと身近なわた

したちの毎日の暮らしのなかでも、摩擦力を小さくするくふうはあります。

その一つが、ふすまや障子の開け閉めです。少しまえまでは、なめらかにするために敷居《しきい》にろうそくのロウを塗《ぬ》ったりしました。いまでは敷居の溝《みぞ》に貼《は》るタイプの敷居テープというものがあります。このテープには動かす方向に平行に細い溝が何本も走っています。接触《せっしょく》する面を少なくして、摩擦が起きる場所を減らしているわけです。

ところで、細い溝が入ったテープを階段の一段一段の端《はし》に沿って貼ると、逆にすべり止めになることはおもしろいですね。階段を下りる足の裏が溝に直角に当たり、何本ものギザギザの山が引っかかって、摩擦を大きくする役目を果たします。

テープですべらせたり、すべらせなかったり

≡**イグノーベル賞**≡ 米国サイエンス・ユーモア雑誌『風変わりな研究の年報』の編集者マーク・エイブラハムズにより1991年に創設。毎年10月に授賞式がある。パンダのフンの研究で受賞した田口文章《ふみあき》は、「仕事＝研究には真面目に励《はげ》むことが必要であるが、同時に人生を楽しむことも大切であることの意味を知らされた気がした」と言っている。

バナナの皮は、なぜすべる？

二〇一四年、バナナの皮を踏《ふ》んだときのすべりやすさをあきらかにした、馬渕清資《まぶちきよし》・北里大教授らが、イグノーベル賞の「物理学賞」を受賞しました。

イグノーベル賞とは、一九九一年に創設された、「人びとを笑わせ、そして考えさせてくれる研究」に与《あた》えられる賞です。

「バナナの皮を踏むとすべる」ということはよく知られていますが、もののすべりやすさの指標となる「摩擦係数《まさつけいすう》」を実際に調べた研究は、これまでありませんでした。

馬渕教授は、むいたバナナの皮を測定器の上で踏みつけて、摩擦係数を測定し、皮の内側を下にして踏みつけると、皮がないときの約六倍もすべりやすくなることを発見しました。そして、バナナの皮の内側にたくさんあるゲル状物質をふくんだカプセルのような極小組織が、靴《くつ》で踏まれた圧力でつぶれ、にじみ出た液体が潤滑《じゅんかつ》効果《こうか》を高めることをつきとめました。

摩擦力《まさつりょく》を大きくするくふう——すべり止めの役割

摩擦力《まさつりょく》は、小さくすればそれだけでいいというものでもありません。摩擦力が必要なこともあります。こんどは、摩擦力をわざわざ大きくすることをとりあげます。

なんのために、摩擦力を大きくするのでしょうか。

摩擦力は動きを妨《さまた》げる力なのですが、じつは、摩擦力によって、動くこと、前に進むことができるのです。あれあれ、なんだか、わけがわからなくなりましたか？

たとえば、あなたが立っているとき、あなたは、何か力を受けないと動きだすことはできません。引っぱってもらったり、押《お》してもらったりせずに動き出すには？——べつに、どういうことはないで

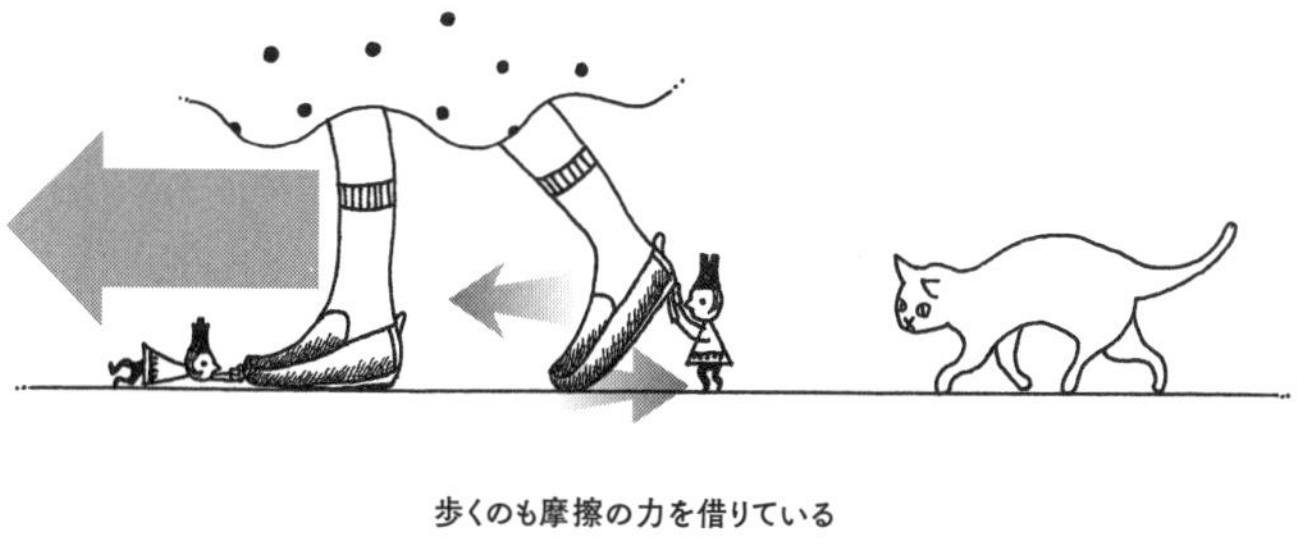

歩くのも摩擦の力を借りている

≡足元のすべり止め≡ 足袋《たび》やくつ下の裏側にあるくふう。織り方などですべりにくさやじょうぶさを加えている。足袋底は織り糸の斜線《しゃせん》模様が現れる斜文織で。杉綾《すぎあや》織や雲斎《うんさい》織とよばれる。くつ下裏には、ゴム材や軟質《なんしつ》の合成樹脂《じゅし》が、粒状《つぶじょう》や帯状にプリントされている。

すね。左右どちらかの足を踏《ふ》みだせばいいだけです。そして、踏みださなかった足は、進みたい方向とは逆の方向、つまり、うしろ向きに力をこめていませんか。そうです。地面をうしろへけろうとすると、それを妨げようとする摩擦力が前向きに働きます。この力を受けて、前に進むことができるのです。

つまり、摩擦力が、前に進むための力になっているのです。したがって、摩擦力がないと、前に進むことはできません。

このことは、凍《こお》ってつるつるすべる道路が歩きにくいことからもわかりますね。また、ぬかるみや雪道で車がスリップして進めないのも同じことです。

映画「十戒《じっかい》」で、大きな石を運ぶ奴隷《どれい》の足元に砂をまいていた理由は、ここにあります。砂粒《すなつぶ》はつるつるをざらざらにし、土の地面と足裏とのあいだのすべりを妨げます。今日でも、急な勾配《こうばい》を上がる登山鉄道では、レールの上に砂をまきます。スリップ中の車の場合は、タイヤの下にタオルを一枚挟《はさ》むだけでも動くことがあります。

スニーカーの底やタイヤのギザギザは、地面をしっかりとつかみ、前に進むためのものです。さきほどの階段のすべり止めも、これにあたります。

摩擦を大きくすることも、なかなか重要なわけです。

ところで、ある小学校の体育館で床《ゆか》を張りかえたら、ケガがものすごく増えたといいます。なぜだと思いますか。すべりのいい床になったので、すべってころんでケガをするのでしょうか。いいえ、その逆の、すべらない床になってしまったためです。すべりすぎないことは重要ですが、引っかかりすぎるのも要注意です。体育館などでは床の材質によって、靴底《くつぞこ》とのあいだの摩擦が大きくなり、急に止まったりするとブレーキがかかりすぎて足をひねってしまい、転倒《てんとう》につながるケースもあります。陸上やサッカーのスパイクシューズも、履《は》きなれないと、歩いていてひっくりかえることがありますね。

もう少し、すべり止めの話をしましょう。

バレエ教室の片隅《かたすみ》にはよく、四角い菓子《かし》箱《ばこ》のような木の箱に白い粉が入れてあります。これは松ヤニや炭酸マグネシウムなどの成分からできた粉で、トウシューズの先につけてすべり止めに使います。

松の幹を傷つけておくと、時間をかけて黄金色のねばねばした樹脂《じゅし》がしみ出てきます。この樹脂は時間が経つと揮発《きはつ》成分《せいぶん》が飛んで、白っぽい不透明《ふとうめい》なかたまりになります。これが松ヤニです。これを粉にしたり溶《と》かして塗《ぬ》ったりして、粘《ねば》り気をすべり止

≡下り坂のブレーキ❶≡ 山の長い下り坂で自動車のフットブレーキを踏《ふ》みすぎると、ブレーキが効かなくなることがある。これは、過熱により液圧系統が沸騰《ふっとう》し、蒸気による気泡《きほう》が生じて、液の圧力を使った「止めるための力」が伝わらなくなるため。ヴェイパーロック現象という。

めに利用しています。この樹脂が地中で化石化したものが、I章に出てきた琥珀《こはく》です。

野球のピッチャーが、ボールを投げるまえに手にする袋《ふくろ》に入っているのも、この松ヤニをふくんだすべり止め粉です。体操の選手やハンドボールの選手が手にするところも見たことがあるでしょう。

それから松ヤニは、バイオリンの音を大きくするために、弓に塗ったりもします。ギーギーゼミ同様、松ヤニを塗ることで、弦《げん》との摩擦力が大きくなり、弦が大きく振動《しんどう》するからです。

じつは、わたしたちの体にも、摩擦を大きくして役立てている部分があります。どこだか、わかりますか？　それは指紋《しもん》です。指紋のぎざぎざのおかげで、ものをつまんだり、持ったりするときにすべらないのです。

華麗なピルエットも
摩擦のおかげ

摩擦力《まさつりょく》がないと止まれない――ブレーキの活躍《かつやく》

ひとたび動きだしたものは、こんどは止まるのに力が必要です。

ガリレオ・ガリレイ（イタリア、一五六四―一六四二年）が見つけた「慣性の法則」があります。

「力が働かなければ、止まっているものは止まったまま、動いているものは動いたままになる」

というものです。とはいえ、日常ではたとえば何かを押《お》して運ぶとき、押すのをやめると止まってしまいますね。それは、摩擦力《まさつりょく》が働いているからです。摩擦力につりあうだけの力を加えつづけなければ、止まってしまいます。

けれども、摩擦力が小さい氷の上のアイスホッケーのパックは、何かにぶつかるまで、かなりの距離《きょり》すべりつづけていきます。動いているものを止めるとき、アイスホッケーのパックならなんとか人が止められますが、時速数十キロメートル、数百キロメートルで走る自動車や新幹線を止めるのはたいへんです。

ガリレオ

≣**下り坂のブレーキ❷**≣ 回避策《かいひさく》として、山で長い下り坂を走るときは、低いギアに落とすとエンジンブレーキが効く。これは、タイヤの回転を抑《おさ》えるような独立した制動装置ではなく、摩擦などのさまざまな損失がエンジンの抵抗《ていこう》になり、走行中に駆動《くどう》を変えずにエンジンの出力を下げると生じる制動効果。

摩擦力を使って車輪の回転を止めるのが、ブレーキです。ここでは、代表的な自動車のドラム（円筒《えんとう》）ブレーキとディスク（円盤《えんばん》）ブレーキについて考えてみましょう。

ドラムブレーキの場合は、ブレーキペダルを踏《ふ》みこむとブレーキ液の圧力が高まり、ピストンが押されて左右に飛びだします。そのピストンに押されて、ブレーキシューというドラムと同じ形の輪が開き、そのまわりのブレーキドラムの内側に押しつけられます。こうしてドラムの回転が妨《さまた》げられ、タイヤの回転が落ちます。円筒の内側に輪を押しつけて、まさに摩擦力で止めるわけです。

ディスクブレーキの場合は、ブレーキペダルを踏むと、ブレーキキャリパーという押さえつける役割の部分からキャリパーピストンが出て、両方から挟《はさ》む形の四角いブレーキパッドが押されて動きます。そして、

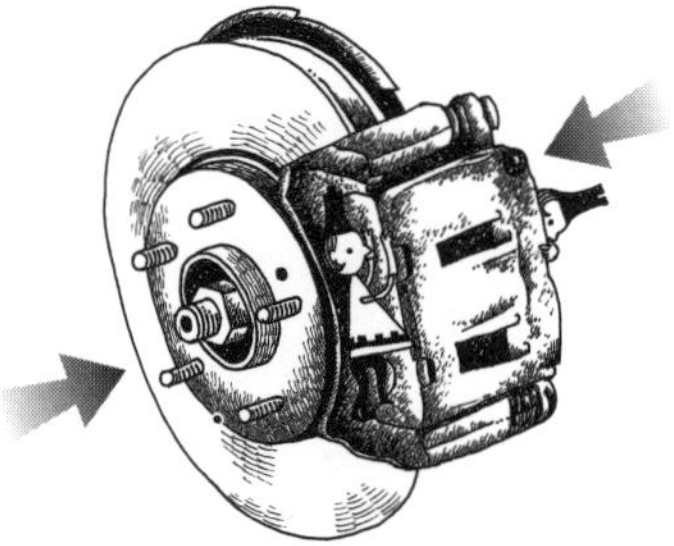
ディスクブレーキ

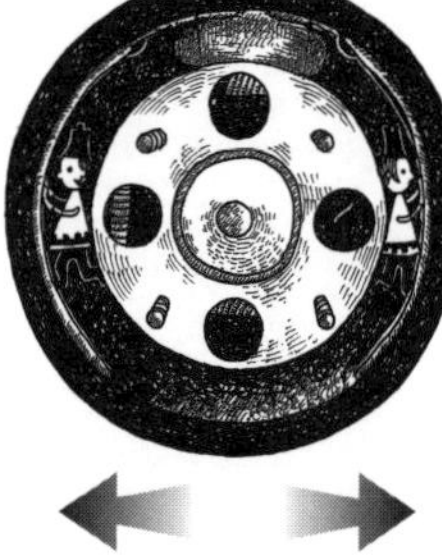
ドラムブレーキ

ブレーキディスクがしっかりと挟まれ、摩擦力によって回転が落ちます。円盤をパッドで挟み、ぎゅっとつまんで止めるような感じです。ブレーキディスクとつながっている車輪の中心部のハブという部分の回転も落ち、ハブにつながっているタイヤの回転が落ちることになります。

このような二つの方法で車輪にブレーキをかけることができるのですが、どちらのブレーキでも、最大の問題は「熱」です。

動きのあるものは、その重さと速さに応じた運動エネルギーをもっています。走っている自動車も、もちろん運動エネルギーをもっています。自動車を止めるということは、その運動エネルギーを摩擦によって熱に変えることで減らし、速さを遅《おそ》くして止めていると考えることもできます。

しかし、熱が車輪や車体に残ったままになることは、安全からも効率からも望ましくありません。早く冷えるほうが、ブレーキの効きが安定します。

そこで、現在ではディスクブレーキが主流になっています。押さえる円盤の一部分が加熱しても、その部分以外では放熱できるこのブレーキのほうが、輪を押しつけた円筒のぐるりが熱くなるドラムブレーキより、熱を外に逃《に》がしやすいからです。

≡燃えたはやぶさ❶≡ 2010年6月13日、7年の旅を終えた小惑星《しょうわくせい》探査機「はやぶさ」が地球へ帰還《きかん》した。大気圏《たいきけん》に突入《とつにゅう》した「はやぶさ」は、閃光《せんこう》を放ち、放物線を描《えが》きながら燃えつきた。一見、大気圏の空気とこすれあう摩擦熱で燃えたように思われるが、じつはそうではない。

運動エネルギーから熱エネルギーへ

エネルギーは、さまざまな形態をとっています。光、熱、電気、高いところにあるものは位置エネルギー、動いているものは運動エネルギーをもっています。そして、エネルギーは一つの形態にとどまりません。光から電気へ、電気から運動へ、運動から熱へと変化します。

そうすると、どのくらいのエネルギーが必要かと考えるときに、共通の物差しとなる量が必要になってきます。その物差しが「仕事」です。「仕事」は「力」×「動かす距離《きょり》」で定義される量です。どのようなエネルギーであっても、そのエネルギーが変化することで「どれだけの力を生みだし、どれだけの距離を動かせるか」で、その量を問うのです。

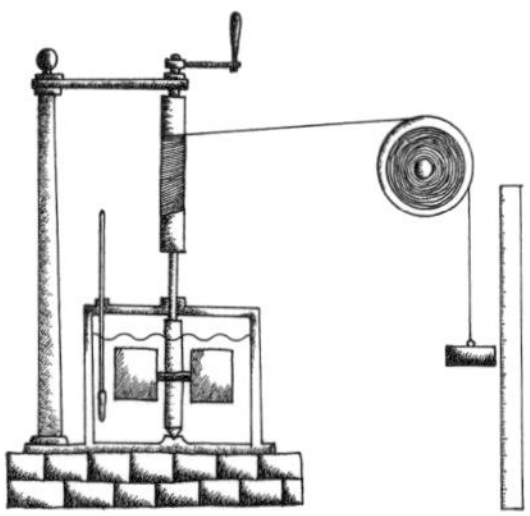

イギリスの物理学者、ジュールは、おもりを落として水の中の羽根車をまわすと、水が温まることを見いだしました。おもりを落とすことで、位置エネルギーが羽根車の回転という運動エネルギーに変わり、それによって熱が発生したので、熱もエネルギーの一形態であることがわかったのです。

それから、ブレーキは効きが強く、止まればいいというものではありません。

ここでも「慣性の法則」が問題となります。ブレーキの効きがよくて車体だけ止まっても、乗っている人間はそのまま動きつづけます。バスや電車が急停車したときに、体が前に倒《たお》れて怖《こわ》い思いをするのはそのためです。

ですから、乗っている人間のことも考慮《こうりょ》して、ブレーキを設計する必要があります。新幹線は、ブレーキを効かせはじめてから止まるまでに四キロメートルも走ります。一分三十秒くらいかけて人にやさしく止まるので、駅が多いと、いくら速い新幹線でも到着に時間がかかることになります。

高速で走る新幹線をゆっくり止めるので、地震《じしん》発生時には脱線《だっせん》を避《さ》けるため、いかに早く初期のゆれを感じてブレーキをかけはじめるかが重要になります。東日本大震災のさいには、もっとも大きなゆれの一分十秒前にブレーキがかかりはじめたので、十分な減速ができて、走行中のすべての東北新幹線で事故が発生せずにすみました。

ブレーキとは、乗りものとその下の面の状態、速さ、天候、乗っている人や荷物の重さ、摩擦熱、摩耗《まもう》など、さまざまな条件を考えなくてはいけないものです。ブレーキがつねに安定して働くための設計は、たいへんむずかしいのがわかりますね。

≡燃えたはやぶさ❷≡ 宇宙船などが大気圏《たいきけん》に突入《とつにゅう》すると、ものすごい勢いで機体が空気にぶつかり、前方の空気はぎゅっと押《お》しつぶされる。このように気体が急激につぶれると、分子が激しくぶつかりあって、熱が発生する（断熱圧縮という）。そのようにして燃えた「はやぶさ」が搭載《とうさい》していたカプセルは、3000℃にもなったという。

⊃⊂宇宙の旅は、とってもスムーズ

ところで、地球の大気圏《たいきけん》を出てしまえば、宇宙はほぼ真空です。巨大《きょだい》な宇宙船の動きをじゃまするものは、ほとんどありません。だから、宇宙船は理論どおりに動くのです。さきほどお話しした「慣性の法則」によって、宇宙船は外から力が働かないかぎり、燃料などなくてもまっすぐ飛びつづけます。そして、加速したり、減速したり、方向を変えたりしたいときは、エンジンを噴射《ふんしゃ》するなどして必要な力を加えてやればいいのです。どのくらいの力が必要かは、「加速度は力に比例して質量に反比例する」というニュートンの運動の法則にもとづいて計算できます。

人類初の月までの宇宙飛行に出かけた、アメリカのアポロ宇宙船の船長は、地球からの「飛行はだいじょうぶか」という問いかけに、「アイザック・ニュートン運転中」と答えたそうです。ニュートンの運動の法則による計算どおり、順調に飛行しているということを、ユーモアたっぷりに答えたのですね。

ですから、遠くの星に行って帰ってくることも、理論的にはかんたんです。二〇〇三年に打ち上げられ、二〇〇五年に小惑星《しょうわくせい》「ＩＴＯＫＡＷＡ」まで行った探査機「はやぶさ」は、幾多《いくた》の困難に直面しましたが、地球からの電波による操作だけで地球に帰ってくることができました。これも、宇宙を旅したからこそです。

　しかし、地球上の乗りものはそうはいきません。空気との摩擦力《まさつりょく》も大きいので、空気の抵抗《ていこう》を少しでも逃《に》がせるような形状を考えますが、日々、異なる風の影響《えいきょう》を受けます。地面やレールの状態や、乗っている人によって、摩擦力は大きく左右されます。雨が降ったり、真夏のかんかん照りにあったり、一二〇パーセントの乗車率になったりと、止まるときのブレーキの効きぐあいも、いろいろな条件で変わってしまいます。

　ですから、運転する人間の総合的な判断に頼《たよ》らなくてはならず、地球上の乗りものを無人にして完全に自動化することは、ひじょうにむずかしいのです。

≡燃えたはやぶさ❸≡「はやぶさ」が探査したのは、太陽系アポロ群の小惑星、ITOKAWA（イトカワ）。採取物を入れたカプセルは、5000℃でも耐《た》えられるようにつくられていたので、無事に地表へ落とされた。豪州《ごうしゅう》ヌーメラ砂漠《さばく》で回収され、多くの発見をもたらしている。

⌘すべらないヤモリがすべった話

夏の夕暮れ、ガラス窓にへばりついているヤモリに出会うと、ちょっとびっくりしますが、よく見ればかわいいものです。ヤモリはどんなものにもくっついて、上り下りができるような気がします。

ヤモリの指がいろいろなものにくっつくことができる理由の解明は、摩擦力《まさつりょく》の研究の歴史そのものでした。指の細かい凹凸《おうとつ》が壁《かべ》などの表面にひっかかるという説が有力でしたが、二〇〇〇年六月の科学誌『ネイチャー』で、ルイス・アンド・クラーク大学のケラー・オータムは、ヤモリの指の電子顕微鏡《けんびきょう》写真などにより、ヤモリが壁にくっつくしくみについて、つぎのように説明しました。

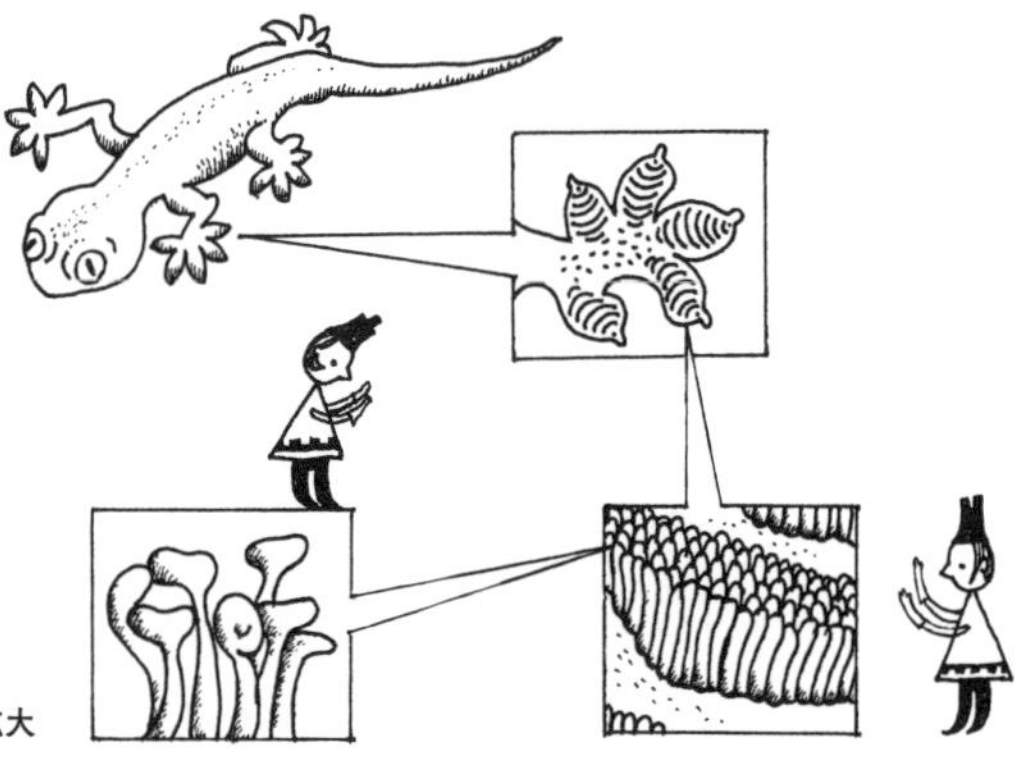

ヤモリの指の毛を拡大

――ヤモリの足の指には、片足で五十万本もの毛が生えていて、これがさらに百から千本に枝分かれし、その先に直径二百ナノメートルほどのスパチュラ（へら）構造がある。このスパチュラは、指がくっつく壁の接触面《せっしょくめん》に分子レベルでの接近ができ、これにより分子間力が働く。一本一本の分子間力は弱いが、一匹が接触点を十億個も持っており、壁にくっついて体重を支えるのには、全体の〇・〇四パーセントの接触で十分だと考えられる――。

　そこで、分子間力が働きにくいものなら、ヤモリはくっつくことができないのではないかと考えて、東京学芸大学附属《ふぞく》高校元教諭《きょうゆ》の川角博先生が、生徒たちと実験しました。実験で使ったのは、焦《こ》げつかないようにフッ素樹脂《じゅし》加工をしたフライパンです。このフライパンは、「表

≡生きもの民俗学《みんぞくがく》❶：ヤモリは家守≡ ヤモリはトカゲの一種。人間の生活圏《せいかつけん》に生息し、害虫も食べてくれることから、漢字では「家守」「守宮」と書く。また、江戸《えど》時代に名所記を多く書いた浅井了意《あさいりょうい》の怪奇《かいき》話集『伽婢子《おとぎぼうこ》』には、「守宮《いもり》」という妖怪《ようかい》が描《えが》かれている。戦乱で死んだ武士の霊《れい》がヤモリとなったというもの。

面自由エネルギー」を小さくすることで分子間力を小さくして、焦げつきにくくしています。「表面自由エネルギー」というのは、外部に露出《ろしゅつ》した面にある原子や分子が、ほかの分子や原子にくっつこうとするエネルギーです。そのフライパンにヤモリを乗せて傾《かたむ》けたところ、みごとすべり落ちたそうです。ヤモリくん、ご苦労さま！

歩くように進むヘビ

ヤモリにかぎらず、すべての動物は、摩擦力《まさつりょく》によって動くことができます。足のある動物については、わたしたち人間についてさきにお話ししましたので、ここでは足のないヘビについてお話ししましょう。ヘビの動きは研究者にとっても興味深い題材らしく、いろいろな説があるのですが、ここでは代表的なものをご紹介《しょうかい》します。

ヘビはその言葉のとおり、「蛇行《だこう》する」ように思われていますが、ニシキヘビなどの大型のヘビはふつうに直進します。大きなヘビはお腹を覆《おお》うウロコがじょうぶで、これを立てたり倒《たお》したりして進みます。ウロコを立てたときに摩擦力が働くおかげですべらず、そこを支えにして、前に進んでいきます。

つぎに蛇行するしくみですが、これは最新の研究成果であきらかになりました。

ヘビは体全体を地面にぴったりつけているわけではないようです。アルファベットのSの字にたとえると、Sの曲がった部分はわずかに宙に浮《う》いていて、残りの部分で体の重さを支え、その体勢から、つぎは浮いた部分に重さをかけて地面に下ろし、ほかの部分を浮かせる、それをくりかえして、ヘビは速く進むことができるということがわかったのだそうです。

この研究を発表した人は、人間も同じ方法で動くと言っています。体を右側に傾《かたむ》けて一歩踏《ふ》みだし、その右足で体を支え、つぎに左足を踏みだします。なあんだ、ですね。一歩を踏みだすしくみが、わたしたちもヘビも同じとは。そして、そのメカニズムに不可欠なのは、摩擦力。やはり、摩擦力のおかげで前に進むことができるのでした。

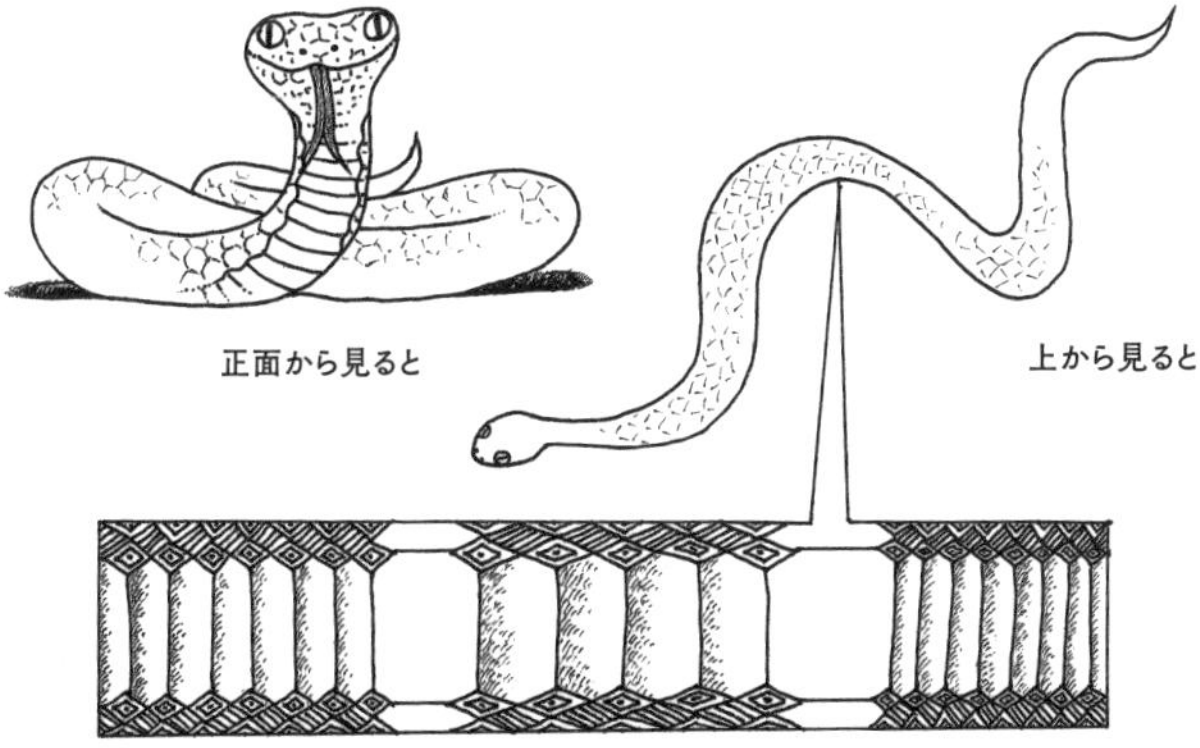

お腹のウロコは伸びたり縮んだり

≡生きもの民俗学《みんぞくがく》❷：日本のヘビ信仰≡ 八岐大蛇《やまたのおろち》。皇室の先祖神の一人、豊玉毘売《とよたまひめ》。三輪山の大物主《おおものぬし》。八百万《やおよろず》の神が出雲に来られるときに先導する龍蛇神。また、清姫（白蛇）をご神体とする稲荷もある。田んぼのカカシは、田の守り神のヘビからきているとも。

重心は摩擦《まさつ》でわかる

では、この章の最後に、おもしろいミニ実験をやってみましょう。

平行にした両手の人差し指の上に、三十センチメートルの物差しを乗せます。物差しと指が離《はな》れないように気をつけて、ゆっくりと二本の指のあいだを縮めてみてください。片方の指しか動かないのに気づきましたか。その指が止まってさらに縮めようとすると、こんどはもう片方の指しか動きません。そうして交互《こうご》に指は動き、最後に真ん中で合わさります。ここが、この物差しの重心です。

重心は、ものが一点で支えられるところです。物差しは均一な棒ですから、真ん中になるのはあたりまえと思いますが、ボールペンや鉛筆《えんぴつ》、さらにはバットやモップなどでも、この方法を使うと、かんたんに重心がわかります。両手の人差し指が合わさったところが重心です。そこでは、指一本で支えられるはずです。

それでは、どうして片方ずつしか指が動かないのでしょうか。それは、指と物差しの摩擦力《まさつりょく》が両方の指で違《ちが》っていて、摩擦力の小さいほうの指が動くからです。物差しの真ん中の重心から、右手の人差し指は遠くで、左手の人差し指は近くで支えて、指を動かそうとしてください。真ん中から遠い右手のほうが動いたはずです。

小学校のときに学習した「てことてんびん」を思い出してみましょう。真ん中から遠いところほど、支える力は小さくてすみます。ということは、物差しと、この場合右手の人差し指とのあいだでおよぼしあう力は、左手の人差し指よりも小さくなります。およぼしあう力が小さいと摩擦力が小さくなることは、まえにお話ししました。だから、右手がさきに動くのです。

けれども、この問題はここで終わりではありません。なぜ、つぎには左手の指が動くのでしょうか。ここで顔を出すのが、「慣性の法則」です。

ものはひとたび動きだすと、外からの働きかけがないかぎり動きつづけます。物差しを乗せた指の場合、もちろん摩擦力があるので止まりますが、それでも真ん中からの距離《きょり》が左手と

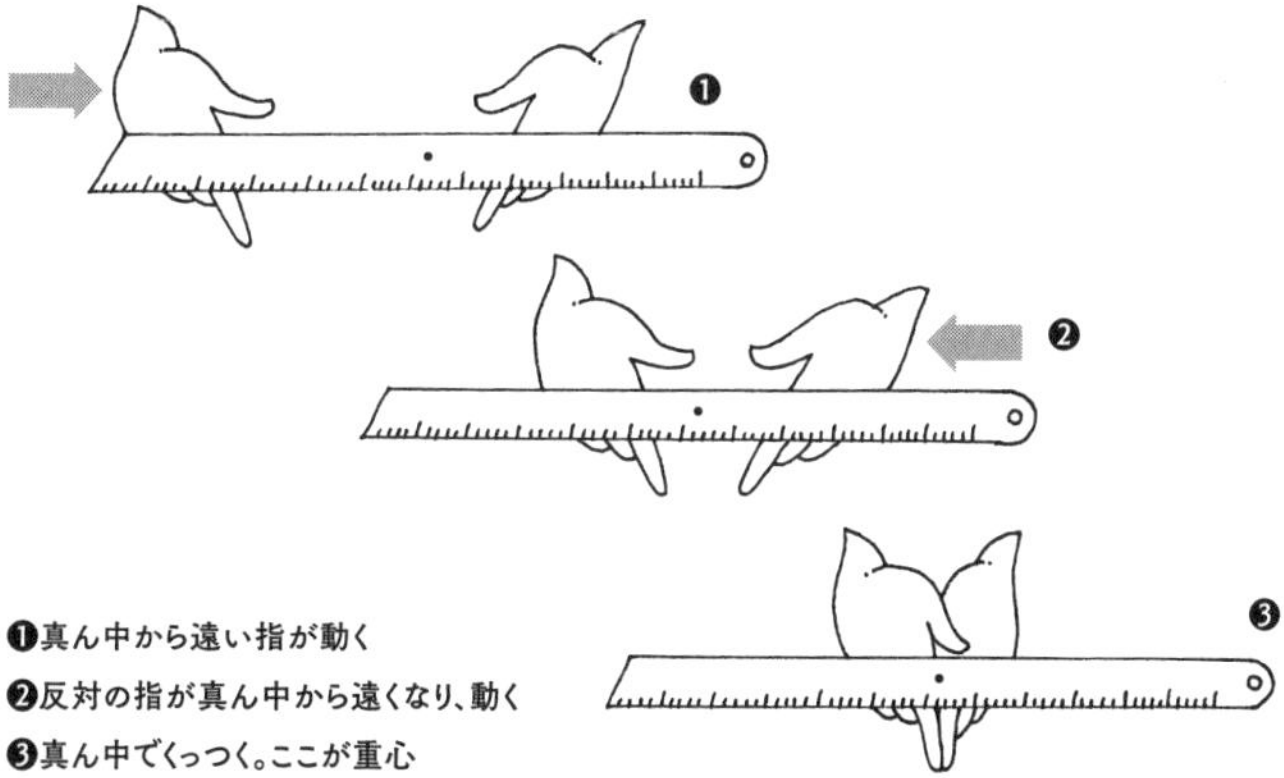

❶真ん中から遠い指が動く

❷反対の指が真ん中から遠くなり、動く

❸真ん中でくっつく。ここが重心

≡生きもの民俗学《みんぞく》❸：跳《は》ねないカエル≡ガマの油の「四六のガマ」や、江戸《えど》の読本で人気の自来也《じらいや》（児雷也）が乗って現れる巨大《きょだい》ガマで有名なのは、ニホンヒキガエル（有毒）。寿命《じゅみょう》は10年ほどで、這《は》って歩く、あまり跳ねないカエル。ヘビのヤマカガシはヒキガエルを食べ、その毒を自分で貯めて利用する。

ちょうど同じところでは止まりきれずに、かならず行きすぎてしまいます。そうです。こんどは左手のほうが真ん中から遠くなり、摩擦力が小さくなって動くことになるのです。あとは、このくりかえしです。

さて、摩擦についてのお話は、これでひとまずおしまいです。摩擦のない世界なんて、想像もできないことがわかってもらえたでしょうか。

摩擦は、多くの先人を魅了《みりょう》してきました。

摩擦の魅力の一つは、その理論が、マクロ（わたしたちが生活している世界）と、ミクロ（原子や分子の世界）を、縦横無尽《じゅうおうむじん》に駆《か》けめぐることにあるのではないでしょうか。また、人間だけではなく、いろいろな生きものも、摩擦を克服《こくふく》したり利用したりしています。生命の巧《たく》みさに、驚《おどろ》かずにはいられません。

さらに、摩擦は、ともすれば専門家が設けがちな、科学と技術の垣根《かきね》を、いともたやすく乗り越《こ》えていきます。これも注目に値することです。

一方、理論のうえでわからないことがいっぱいですし、解決しなければならない技術的な問題もたくさんあります。それも魅力の一つですね。

摩擦の新しい魅力、成果をまたお伝えできる日を楽しみにしています。

付録1 教科書ではいつ習う?

★――高校は、科目の選択が学校や生徒の進路により違います。

■燃焼(火起こし・マッチ)

小6「燃焼の仕組み」で植物体が燃えると空中の酸素が使われ、二酸化炭素ができることを学ぶ。

中2「酸化と還元」で物質が酸素と化合することを酸化といい、とくに物質が熱や光を出しながら激しく酸化することを「燃焼」ということを学ぶ。「化学変化と熱」で化学変化には熱の出入りがともなうことを学習。

高校化学基礎「物質の変化—酸化と還元」で酸化還元反応が電子の授受によって説明できること、日常生活や社会生活での例(漂白剤、電池、金属の製錬など)を学ぶ。

高校化学「物質の変化と平衡」では、化学反応の前後における物質のもつ化学エネルギーの差が熱や光の発生、吸収となって現れることを学ぶ。化学発光や光合成で、反応熱が生成物と反応物のもつそれぞれの化学エネルギーの総和の差で表せること、反応速度が濃度、温度、触媒などの影響を受けて変わることを学習。

■分子運動論

水の三態を扱う中1「身の回りの物質」や「状態変化」では、加熱や冷却で粒子の運動のようすが変化することも扱う。

高校物理「様々な運動」で気体の分子運動と圧力に関してさらにくわしく扱い、熱力学の法則《**第一法則:$\Delta U = Q + W$(Q:気体に加えられた熱量、ΔU:内部エネルギーの増加量、W:気体が外部からされた仕事)、第二法則:与えられた熱のすべてを仕事に変換する熱機関は存在しない**》、理想気体の状態方程式《**$PV = nRT$(P:圧力、V:体積、n:モル数、R:気体定数、T:絶対温度)**》などはここで学習。

高校化学「物質の状態と平衡」で、沸点や融点を分子間力や化学結合と関連づけて学習。

■熱の発生・摩擦熱

小6「電気の利用」で電気の光や音、熱への変換を学ぶさい、電気による発熱を調べる。「燃焼の仕組み」で燃えるさいに出る熱について学ぶ。

中3「科学技術と人間」でエネルギー資源の利用や科学技術の発展と人間生活のかかわりを学習するなかで、運動エネルギーで熱エネルギーを生みだせること、電気エネル

ギーなど利用するとき、不用な熱も発生して一部のエネルギーが無駄になるので、効率を考えなければならないことなどを学ぶ。

高校物理基礎「物体の運動とエネルギー」で物体の速さや仕事の測定をとおして、

運動エネルギー《 $\frac{1}{2}mv^2$ **(m：質量[kg]、v：運動物体の速度[m/s])**》、

重力による位置エネルギー《mgh **(m：質量[kg]、g：重力加速度[m/s^2]、h：基準面からの高さ[m])**》、

弾性力による位置エネルギー《 $\frac{1}{2}kx^2$ **(k：ばね定数 [N/m]、x：つりあいの位置からの変位[m])**》の表し方について理解。摩擦や空気抵抗がない場合に力学的エネルギーは保存されることを学習。

高校化学基礎「物質の探究」や高校物理基礎「様々な物理現象とエネルギーの利用」で、熱について分子運動という視点から理解、温度と熱運動の関係、絶対温度《**分子が静止する温度(－273.15 [℃])を基準にする。単位は[K](ケルビン)。したがって0[℃]＝273.15[K] である**》について触れ、ブラウン運動の観察、熱の伝わり方、熱の利用についても学ぶ。

高校化学「物質の状態と平衡」の「コロイド溶液の性質」でチンダル現象、ブラウン運動などを扱う。

■音と振動

小学校生活科や音楽の活動で、遊びのなかで音を出すものに触れたり、楽器に触れることでじっさいに音を出したりして、音の特徴を体験する。

中1「身の回りの物理現象」で音が振動であること、音の三要素《高さ、大きさ、音色》、速さなどを学ぶ。

高校物理基礎「波」の音のところで気柱の共鳴、弦の振動、反射や屈折といった音の性質について学習。

高校物理「波」の音のところで音の干渉と回折、ドップラー効果《発音体と聞く人に相対運動があるとき、音源で出た音の振動数が聞く人には異なって聞こえる現象》について学ぶ。

■静電気・放電・電流

小3「電気の通り道」では回路、小4「電気の働き」では電池のつなぎ方や数と明るさの関係、小5「電流の働き」では電磁石、小6「電気の利用」では電流で光や音、熱が発生することを学ぶなど、電流の基礎的な学習を小学校でていねいにおこなう。

そして、中2「電流とその利用」で回路や電流電圧抵抗の関係などを学んだあとに、全体を受けて電気をエネルギーとして、電力の違いにより発生する光や熱の違いがあることなどを学ぶ。また、静電気の性質から、電子の存在、電子の流れが電流であることを学ぶ。誘導コイルによる真空放電や、クルックス管の陰極線などの写真はここで登場する。

高校物理基礎においても、同様の発展的内容を扱う。さらに高校物理「電気と磁気」で電荷間の力、電気量の保存、電界の性質、電気力線、静電誘導を扱う。摩擦帯電やはく検電器の実験をおこなう。また、「原子」で電子に関して、電子の発見に関する歴史的な実験にも触れ、電荷《**1.602176565 × 10^{-19}[C]**》と質量《**9.10938291 × 10^{-31} [kg]**》を学ぶ。真空放電や陰極線の観察実験などをおこなう。

一方、高校化学「物質の変化と平衡」の電気分解や電池、電離平衡について学ぶ過程で化学変化における電子の役割を扱う。

■原子論・原子の構造・電子・ラザフォード散乱

小6「燃焼の仕組み」、中1「身の回りの物質」などの学習のあとに、中2で「化学変化と原子・分子」が登場する。ここでまず、物質の成り立ちとして、物質を分解して成分を検討し、物質が原子や分子からできていることを学ぶ。原子は質量をもったひじょうに小さな粒であること、多くの種類があること、また原子がいくつか結びついて分子になることも学ぶ。さらに、原子の種類である元素は記号で表されることを習い、基礎的な記号を覚え、周期表が登場する。

中3で「化学変化とイオン(水溶液とイオン、酸・アルカリとイオン)」を学習する。ここで、電気分解の実験から、電子が余分だったり、足りなかったりするイオンの存在を知り、原子とイオンの関係を学ぶ。また、原子が電子と原子核からできていて、原子核が陽子と中性子でできていることを学ぶ。

さらに高校化学基礎「物質の構成粒子」で原子の構造、電子配置や周期表を、「物質と化学結合」でイオン結合、金属結合、共有結合を学習。

また、高校物理「原子」で原子や原子核の構造を学ぶさい、ボーアの原子モデル、ラザフォードの実験などを扱う。

■慣性の法則

中3「運動とエネルギー」で、物体に「力が働く」「力が働かない」ときの運動や等速直線運動について学習。

高校物理基礎「物体と運動のエネルギー──様々な力とその働き」で運動の三法則として、慣性の法則《**物体は、外部から力を加えられないかぎり、静止している物体は静止しつづけ、動いている物体は等速直線運動を続ける**》、運動の第二法則《**力の大きさF[N]**

は質量m[kg]と加速度a[m/s²]の積で表せる。F＝ma》、作用反作用の法則《**二つの物体がたがいに力を及ぼしあうとき、作用する力と反作用で生じる力は大きさが同じで向きが反対である**》を学習。以後、高校物理の運動とエネルギー関係の学習では、すべての現象はこの運動の法則により解釈される。

■摩擦力・動摩擦力・静止摩擦力・垂直抗力

中1「身近な物理現象―力の働き」で力の定義や力の種類を学習。

高校物理基礎「物体と運動のエネルギー――様々な力とその働き」で物体に接して働く力として静止摩擦力、動摩擦力、弾性力、浮力、垂直抗力などを扱う。

■重心

小6「てこの規則性」で力の加わる位置と大きさを変え、つりあいの位置について学ぶ。

中3「運動とエネルギー」で、2力のつりあいの条件、合力や分力の規則性などを学習。

高校物理基礎「様々な力とその働き―力のつり合い」で平面内の力のつりあいに関連して、力の合成・分解をベクトルで扱う。

高校物理「様々な運動―剛体のつり合い」で、はじめて大きさのある物体の力のつりあい、力のモーメントのつりあいを扱う。日常生活や防災に関して、物体の重心、物体が転倒しない条件について学ぶ。

重心は中学や高校の数学でも扱う。

本の中でとりあげた科学者が登場するのは……

マクスウェル＝高校物理（ただし電磁波について）、ブラウン＝高校物理、

アインシュタイン＝高校物理、トムソン＝中2、ラザフォード＝高校物理、

タレス＝中2、ガリレオ＝小5、

クーロン＝高校物理（ただし、摩擦についてではなく電磁気力のクーロンの法則で）

レンズは小3・中1・高校物理で、誘導コイルとクルックス管は中3で、はく検電器は中2・高校物理で出てくる。

付録2 おすすめ関連図書

『摩擦の話』（曾田範宗＝著、岩波新書、1971）
名著です。40年以上前に書かれた本ですが、その内容はいまだ色あせることがありません。これを超える本はなかなかなく、わたしたちもずいぶんと参考にさせていただきました。数式や構造図などが出てくるので、専門的に学びたい人におすすめです。

『吾輩は猫である』（夏目漱石＝著、各社文庫、単行本は1905—1907）
漱石の人気に火をつけた作品。イギリス留学から帰った東大講師時代に書いています。寺田寅彦がモデルの水島寒月なる科学者が登場して、おもしろさを倍増しています。

『科学と科学者のはなし——寺田寅彦エッセイ集』
（寺田寅彦＝著、池内了＝編、岩波少年文庫、2000）
文筆家としても有名な寺田寅彦のエッセイを、物理学者の池内了が編纂、内容を損ねることなく現代風に読みやすくしたものです。身近な自然を克明に観察して、現象を興味深く解説しています。いまにつうじるお話ばかりであることに驚かされます。

『数学をきずいた人々』（矢野健太郎＝著、講談社現代新書、1966）
オイラーや、その師匠であるベルヌーイとその一家など、多くの数学者の業績がコンパクトにまとめられています。どこかで聞いたことがあるけれど……という、科学者、数学者の仕事がよくわかります。残念ながら、絶版です。

『蛇——日本の蛇信仰』（吉野裕子＝著、講談社学術文庫、1999）
縄文時代からの日本のヘビ信仰を読み解く書です。日本各地の祭祀や伝承には、ヘビに対する強烈な畏怖と相対する嫌悪があり、それによって生まれたさまざまな象徴には、しめ縄、鏡餅、案山子などがあると論証されています。

『ぴたっとヤモちゃん』（石井聖岳＝作、小学館、2012）
絵本です。くっつくのが大好きなヤモリのヤモちゃんと、くっつかれたさまざまな動物たちとの愉快なお話。さすがに、テフロン加工のフライパンには挑戦していませんが。

『いっぽんの鉛筆のむこうに』「たくさんのふしぎ傑作集」シリーズ
（谷川俊太郎＝文、坂井信彦＝写真、堀内誠一＝絵、福音館書店、1989）
小学中学年以上対象。鉛筆ができていくようすと、原料や技術でかかわるスリランカ、アメリカ、メキシコ、日本など各国の人びとの生活やものの考え方を描きだしています。大人が読んでも、なるほどと感心します。

「仕掛人・藤枝梅安」シリーズ（池波正太郎＝著、講談社文庫）
1972年から1990年にわたり『小説現代』に掲載された20篇の連作時代小説で、著者の逝去によりシリーズは未完。江戸時代の味のある殺し屋たちの話です。吹き矢の名手・彦次郎は、主人公・梅安の友人兼仲間で、正業は腕のいい房楊枝づくりの職人。

『バナナの皮はなぜすべるのか？』（黒木夏美＝著、水声社、2010）
喜劇役者バスター・キートンにくわしい著者が、この「ネタの出所」をさまざまに検証した本。正攻法で書かれつつ、ユーモアあふれるユニークな一冊です。文学作品はもとよりマンガや映画、ウェブに至るまで、さまざまなメディアを追いかけています。

『輸送の安全からみた鉄道史』（江崎昭＝著、グランプリ出版、1998）
はじめての蒸気機関からさまざまな鉄道の絵が描かれた表紙のイメージそのままに、1830年の開業以来、鉄道をどのように安全な輸送機関にしようとしてきたか、その努力の跡が、克明に描かれています。その一つとして制動システムについても掘り下げられています。

『日本刀を研ぐ――研師の技・眼・心』〈新装版〉（永山光幹＝著、雄山閣、2007）
足利家に刀剣研磨、鑑定を司ることで仕えたと伝えられる本阿彌家は、明治期に日本刀の衰退を防ぐため、美的面を強調し、それまでよりも地鉄を黒く、刃を白く見せる研磨法を考案、秘伝としました。のちに本阿彌光遜により刀剣鑑賞普及のための裾野を広げる努力がおこなわれ、鑑定法、研磨法も公開されます。著者は、光遜直弟子で重要無形文化財保持者。「日本刀を研ぐ」「研磨の見方」の項をはじめ、研磨史にも言及しています。

『ストーン・ハンティング——宝石探し 夢とロマンのニューレジャー!!』
（本郷俊介＝著、総合法令出版、1984）
ジェム・カッティングに関しての項に研磨についての記述があります。荒研磨、中研磨、光沢出しについて、詳細な表や手順の説明があります。残念ながら、絶版です。

『光と光の記録 レンズ編』（安藤幸司＝著、産経開発機構、2013）
直接研磨に関してくわしく書かれた本ではない、きわめて専門的なたいへん難しいレンズの本です。レンズの種類にはじまり､光を集める作用を利用しているレンズの機能について、絞りや焦点、結像などをくわしく解説しています。また、レンズの設計、収差や解像力の問題も掘り下げ、さらに写真レンズの歴史を本格的に追いかけています。虫メガネや望遠鏡、顕微鏡、光ファイバの世界も解説。研磨の結果できあがる、レンズというもののあまりに奥が深い世界に啞然とさせられます。

『旧約聖書 創世記』（関根正雄＝訳、岩波文庫、1956）
ヘビが出てきます。はじめの人類アダムとイヴが神の楽園を追いだされる原因をつくる生きものとしての登場です。これを機に、キリスト教にかかわりのない方も一読なさってみてはどうでしょう。欧米文化の根底がここにあります。天地の創造で世界がはじまり、神によってつくられた人類が楽園を追放されます。天地創造、ソドムとゴモラ、ノアの方舟、イン・ザ・ビギニング、十戒、キングダム・オブ・アークなど、旧約聖書の題材は映画化もされています。

『セロ弾きのゴーシュ』（宮沢賢治＝著、角川文庫、1969）
宮沢賢治の名作童話です。作者が他界した翌年の1934年に発表されました。不快な音しか出せなかったチェロ奏者の青年ゴーシュが、つぎつぎに訪問する動物たちと練習を重ねながら、音色やリズムを磨き、少しずつ人間的にも成長、すばらしい演奏家に育つ物語。弦の摩擦の出す音は不快にも快にもなります。賢治の文に絵を添えたものも多く、いもとようこ（金の星社）や茂田井武（福音館書店）、太田大八（講談社）などが描いています。アニメーションなら古い影絵の作品や、高畑勲監督の映画が思い出されます。いずれもそれぞれの個性での解釈があり、おもしろく味わえます。

著

田中　幸　たなか・みゆき

岐阜県生まれ。晃華学園中学校高等学校理科教諭。物理教育学会会員。

結城千代子　ゆうき・ちよこ

東京都生まれ。大学講師。物理教育研究会会員、比較文明学会会員。小学校理科・生活科、中学校理科の教科書執筆者。

二人は大学時代からの同志。コンビ名は「Uuw：ウンウンワンダリウム」（自称）。15年にわたり、子どもたちが口にする「ふしぎ」を集め、それに答えていく『ふしぎしんぶん』（ママとサイエンス　http://science-with-mama.com/）を発行する活動を続ける。共著者・共訳者として、科学読物の執筆・翻訳を多く手がける。著書に『天気のなぞ』（絵本塾出版）、『新しい科学の話』（東京書籍）、『くっつくふしぎ』（福音館書店）など、訳書に「家族で楽しむ科学のシリーズ」（東京書籍）など。

絵

西岡千晶　にしおか・ちあき

三重県生まれ。漫画家。実兄との共同ペンネーム「西岡兄妹」の画を担当。コミックに『新装版地獄』（青林工藝舎）、『神の子供』（太田出版）、『カフカ』（ヴィレッジブックス）など、絵本に『そっくりそらに』（長崎出版）など多数。

ワンダー・ラボラトリ 03

摩擦のしわざ

2015年1月5日　初版印刷
2015年1月30日　初版発行

著者……田中 幸・結城千代子
絵……西岡千晶
ブックデザイン……成瀬 慧
発行者……北山理子
発行所……株式会社太郎次郎社エディタス
東京都文京区本郷4-3-4-3F　〒113-0033
電話 03-3815-0605
FAX 03-3815-0698
http://www.tarojiro.co.jp/
電子メール tarojiro@tarojiro.co.jp
印刷・製本……シナノ書籍印刷

定価はカバーに表示してあります
ISBN978-4-8118-0776-8　C0040

ワンダー・ラボラトリ

好評既刊のご案内

＊——定価は税別です

01

粒でできた世界

結城千代子・田中幸＝著
西岡千晶＝絵
四六判｜112頁｜1500円

肉眼では見えない原子。その存在は、すこぶる大きい。

2枚のスケッチの表現方法を手がかりに、ミクロの世界を探究するⅠ章「世界を粒で描く」。ジュースを押しあげる力の正体に迫るⅡ章「一本のストローから」。原子と大気圧をめぐる一冊。

02

空気は踊る

結城千代子・田中幸＝著
西岡千晶＝絵
四六判｜96頁｜1500円

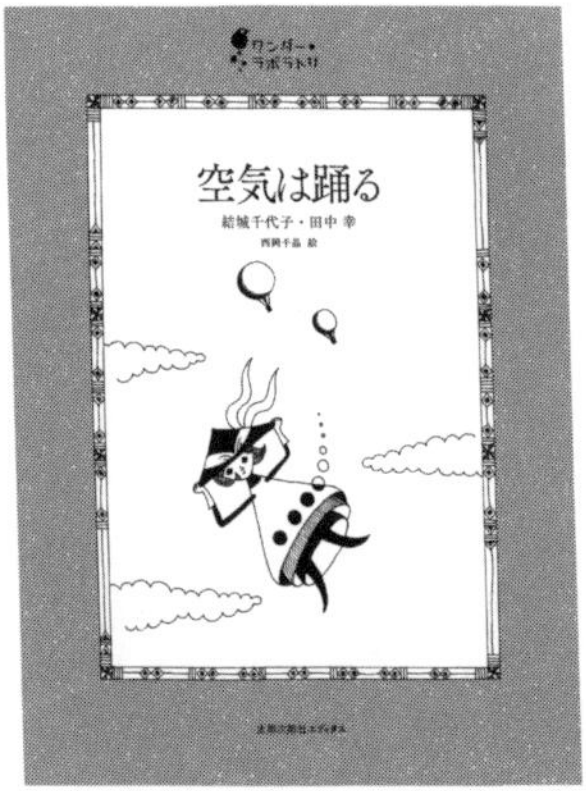

空気が動くとき、風が起こり、真空が生まれる。

自然の風と人が起こす風、その原理と利用方法をたずねるⅠ章「風はどこから」。真空をキーワードに、吸盤がくっつく秘密を解き明かすⅡ章「タコの吸盤の中で」。空気と真空の関係とは？